中国水产学会　主编

专家图说水产养殖关键技术丛书

石蛙高效养殖新技术与实例

（修订版）

徐鹏飞　叶再圆　编著

海洋出版社

2016年·北京

图书在版编目(CIP)数据

石蛙高效养殖新技术与实例／徐鹏飞，叶再圆编著．—修订本．—北京：海洋出版社，2016.1

ISBN 978-7-5027-9306-7

Ⅰ.①石…　Ⅱ.①徐…　②叶…　Ⅲ.①蛙类养殖　Ⅳ.①S966.3

中国版本图书馆 CIP 数据核字(2015)第 291991 号

责任编辑：杨　明
责任印制：赵麟苏

海洋出版社　**出版发行**

http://www.oceanpress.com.cn

北京市海淀区大慧寺路 8 号　邮编:100081

北京朝阳印刷厂有限责任公司印刷　新华书店发行所经销

2016 年 1 月第 1 版　2019 年 4 月第 2 次印刷

开本:850mm×1168mm　1/32　印张:9.125　彩插:4

字数:190 千字　定价:30.00 元

发行部:62132549　邮购部:68038093　总编室:62114335

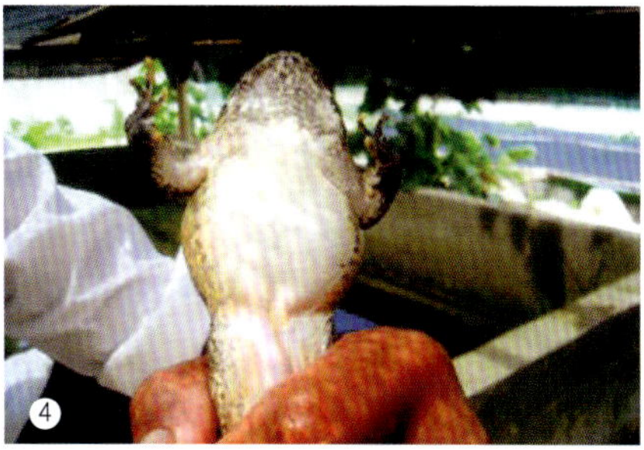

1.石蛙成蛙
2.青椒炒石蛙肉
3.雄性石蛙（胸部有黑刺疣）
4.雌性石蛙（胸部光滑，无黑刺疣）

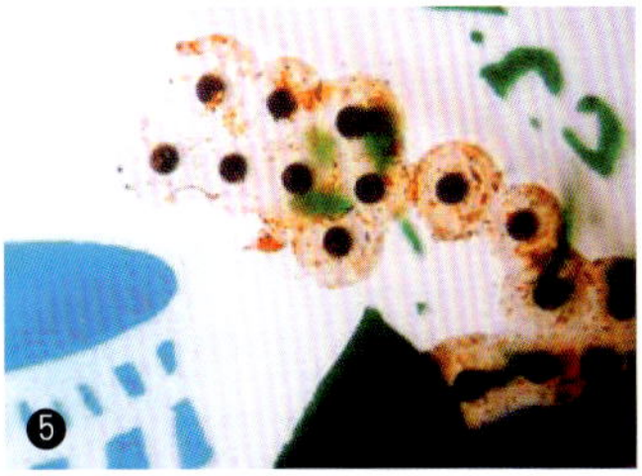

5.石蛙受精卵
6.即将脱膜的蝌蚪
7.脱膜100小时石蛙蝌蚪群
8.脱膜后12日龄的石蛙蝌蚪

9.生出后肢的蝌蚪
10.150日龄石蛙幼蛙
11.未成年石蛙
12.密林深处的石蛙养殖池
13.石蛙养殖场的供水设施
14.蝌蚪趴在水草上休息

15.培育石蛙蝌蚪的网箱
16.栖息在石块上的石蛙幼蛙
17.石蛙幼蛙
18.石蛙露天池养殖
19.石蛙集约化养殖池
20.石蛙露天封沟养殖基地

21.石蛙与食台
22.跳在食台上的幼蛙
23.石蛙的主要活饵料——黄粉虫
24.石蛙的活饵料——大麦虫（幼虫）
25.正在产卵的大麦虫成虫
26.土元（成虫）

水产养殖系列丛书编委会

总　序

渔业是我国大农业的重要组成部分。我国的水产养殖自改革开放至今获得空前发展，已经成为世界第一养殖大国和大农业经济发展中的重要增长点。进入21世纪以来，我国的水产养殖仍然保持着强劲的发展态势，为繁荣农村经济、扩大就业人口、提高人民生活质量和解决“三农”问题做出了突出贡献，同时也为我国海、淡水渔业资源的可持续利用和保障“粮食安全”发挥了重要作用。

近年来，我国水产养殖科研成果卓著，理论与技术水平同步提高，对水产养殖技术进步和产业发展提供了有力支撑。但是，在水产养殖业迅速发展的同时，也带来了诸如病害流行、种质退化、水域污染和养殖效益下降、产品质量安全令人堪忧等一系列新问题，加之国际水产品贸易市场不断传来技术壁垒的冲击，而使我国水产养殖业的持续发展面临空前挑战。

科学技术是第一生产力。为了推动产业发展、渔农民增收致富，就必须普及推广新的科技成果，引进、消化、吸收国外先进技术经验，以利于产前、产中、产后科技水平的不断提升。农业科技图书的出版承载着普及农业科技知识、促进成果转化为生产力的社会责任。它是渔农民的良师益友，既可指导养殖业者解决生产中的实际问题，也可为广大消费者提供健康养殖的基础知识，以利于加强生产者与消费者之间的沟通与理解。为此，中国水产学会和海洋出版社联合组织了国内本领域的知名专家和具有丰富实践经验的生产一线技术人员编写这套水产养殖系列丛书，供广大专业读者参考。

本系列丛书有两大特点:其一,是具有明显的时代感。针对广大养殖业者的需求,解决当前生产中出现的难题,介绍前景看好的养殖新品种和现有主导品种的健康养殖新技术,以利于提升整个产业水平;其二,是具有前瞻性。着力向业界人士宣传以科学发展观为指导,提高“质量安全”和“加快经济增长方式转变”的新理念、新技术和新模式,推进工业化、标准化生产管理,同时为配合现代农业建设的大方向,普及陆基封闭式循环水养殖、海基设施渔业、人工渔礁、放牧式养殖等模式,全力推进我国现代化养殖渔业的建设。

本系列丛书包括介绍主养品种、新品种的生物学和生态学特点、人工繁殖、苗种培育、养殖管理、营养与饲料、水质调控、病害防治、养殖系统工程以及加工运输等方面的内容。出版社力求把握丛书的科学性、实用性和可操作性,本着让渔农民业者“看得懂、用得上、留得住”的出版宗旨,采用图文并茂的形式,文句深入浅出,通俗易懂,有些技术工艺还增加了操作实例,以便业界朋友轻松阅读和理解。

水产养殖系列丛书的出版是水产养殖业者的福音,我们希望它能够成为广大业者的知心朋友和科技致富的好帮手。

谨此衷心祝贺水产养殖系列丛书隆重出版。

中国工程院院士

中国水产科学研究院黄海水产研究所研究员

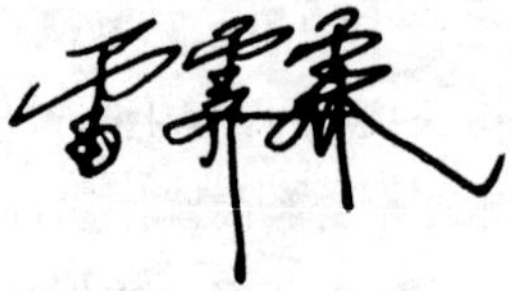

前　言

石蛙，学名棘胸蛙（*Rana spinosa* David），为我国特有的名贵经济蛙类，是一种生长在深山密林、山涧溪流中的珍稀两栖动物。

石蛙主要分布在我国南方诸省，其肉质洁白细嫩，味道鲜美爽口，是一种高蛋白、低脂肪、低胆固醇的营养佳品。石蛙素有“百蛙之王”的美称，是我国民间历代相传“食之长寿，药用化疮”的滋补强身的珍贵野味。石蛙也是一种生长快、饲料省、价值高，又便于管理的优良品种。发展石蛙养殖的效益比牛蛙和美蛙高十几倍。石蛙是集皮用、食用、药用于一体的特色新品种，其开发利用的前景十分广阔。我国原本石蛙资源较为丰富，但由于长期进行毁灭性地捕捉，又缺乏有效的保护措施，致使资源濒临枯竭，产品供不应求，价格日益昂贵。

石蛙养殖是蛙类养殖的后起之秀，是新发展起来的名、特、优产品，受到社会各界的广泛关注，在我国正逐步兴起。近年来，其养殖技术也取得了重大进展，特别是水池驯化养殖、工厂化育苗等技术的突破，为推广石蛙养殖奠定了良好的基础。

为了积极推广石蛙养殖业，进一步促进石蛙养殖业的发展，我们以10年的养蛙经验为基础，并吸收国内同行的最新研究成果，撰写了本书。全书系统地介绍了石蛙养殖的实际生产技术，并较为详细地描述了石蛙的生物学特性、人工育苗、活饵料的培养、活蛙运输、病害的预防与治疗、出口加工和烹饪等方面的实用技术。书中所列的实例，都是养蛙生产中的热点、难点问题，读者可以因地制宜，参照应用。

本书内容翔实，理论与实践相结合，实用性、可操作性强，可供农村养殖专业户、水产技术推广部门指导生产使用，也可供有关水产科研人员和大专院校师生阅读参考。由于水平所限，加之时间仓促，书中不当之处在所难免，请广大读者批评指正。

徐鹏飞　叶再圆

目　次

第一章
石蛙的分布、效益与前景

石蛙，俗称石鸡、岩蛙、棘蛙、石蛤蟆等，是栖息在深山密林、山涧溪流中的珍稀两栖动物，也是我国特有的大型食用蛙，一般成蛙体长为 10～15 厘米，体重为 250～400 克，在同龄石蛙中，雄蛙个体往往大于雌蛙个体，这与虎纹蛙等蛙类雌蛙个体大于雄蛙个体的情况有所不同。

石蛙主要分布于我国长江中下游的湖北、湖南、安徽、浙江、广东、广西、福建、四川、贵州、云南和海南等省、自治区。

石蛙喜欢栖息在丘陵山地、林木葱绿、草木丛生、水质清澈、溪水长流、阴凉安静的山沟或石穴之中，夜间出洞觅食，以昆虫及其幼体、蚯蚓、蝇蛆等小动物为食，不食死的或不活动的食物，它的攀爬和弹跳能力都很强，为了觅食常沿着水潭边的石壁攀爬，故山区农民称之为“石蛙”（彩照 1）。

第一节　石蛙的经济效益

石蛙素有“百蛙之王”之美称，不仅营养丰富、味道鲜美，而且还是一种高级营养滋补品，具有滋补强身的功效。

我国人民开发利用石蛙的历史悠久，自古以来，它是皇家宫廷的名贵山珍之一，也是国宴上的一道名肴，是一种被人们视为“食之长寿，药用化疮”的珍贵野味。随着人们生活水平的提高，具有食用价值和保健作用的石蛙，越来越受到人们的青睐，总之，石蛙养殖具有以下特点。

一、肉质鲜美，营养丰富

石蛙肉质洁白、脆嫩，味道鲜美，清凉滋补。据测定，蛙肉含有较高的蛋白质、氨基酸、不饱和脂肪酸、钙、磷、铁、硫胺素、核黄素、尼克酸、葡萄糖、肝糖等碳酸化合物，以及各类维生素和其他营养成分。其肉与鸡、猪、牛等的肉相比，蛋白质含量高，脂肪和胆固醇含量低，是一种绿色保健食品，营养价值可与中华鳖和河鳗相媲美（表 1－1）。肌肉干物质含有的 17 种氨基酸中，8 种人体必需氨基酸的含量较高。谷氨酸含量高达 11.9%，脯氨酸和丙氨酸含量也较高。由于蛙的肉质为含脂肪很少的肌纤维，非常细，组织中所含蛋白质结构松软，所以肉质细嫩。烹调后，肌肉蛋白质易分解成氨基酸等易消化吸收的营养物质，且含氮浸出物比一般禽畜肉多，因此味道浓郁可口，石蛙的食用价值远高于其他蛙类，因而被中外美食家誉为佳肴中的“珍品”。

在餐馆里，石蛙作为山珍，常被烹饪成各种风味的名菜，如生炒蛙肉、蒜茸蛙球、清蒸蛙腿和青椒炒蛙肉（彩照 2）等，都是美食家喜欢品尝的佳肴，另外，石蛙还可加工成品种多样、风味独特的罐头食品，如蘑菇蛙罐头、红烧蛙罐头和清蒸蛙罐头，以及冻蛙腿、香肠等肉类系列食品，都是广大消费者喜爱的美味食品。

表1-1　各类蛙肉及其他动物肉类每100克肌肉中所含营养物

种类	水分/克	蛋白质/克	脂肪/克	碳水化合物/克	灰分/克	钙/毫克	磷/毫克	铁/毫克
石蛙	77.5	21.3	0.3	–	0.81	21.0	162.0	0.31
牛蛙	78.8	19.1	0.6	0.3	1.1	19.9	140.0	0.30
美蛙	82.0	18.5	0.3	0.3	–	21.0	160.0	0.15
青蛙	87.0	11.9	0.3	0.2	0.6	22.0	159.0	0.22
猪肉	52.0	18.0	29.2	1.0	0.9	11.0	170.0	0.40
牛肉	69.0	20.1	10.2	4.0	1.1	7.0	170.0	0.90
鸡肉	74.0	23.3	1.2	–	1.1	11.0	190.0	1.50
河蟹	71.0	14.0	5.9	–	1.8	129.0	145.0	13.0
青虾	80.5	17.5	0.6	–	0.7	221.0	23.0	0.1
鲫鱼	85.0	13.0	1.1	0.1	0.8	54.0	203.0	2.5
鲤鱼	79.0	18.1	1.6	0.2	1.1	28.0	176.0	1.3
甲鱼	79.3	17.3	1.0	2.0	0.7	94.0	135.0	2.5
田螺	81.0	56.3	1.2	4.0	3.30	1 357.0	191.0	19.8

二、名贵药膳，治多种病

石蛙不仅营养丰富、味道鲜美，而且还是一种名贵药膳，具有滋补强身、清心润肺、健肝胃和补虚损的功效，特别是对病后体弱、心烦口燥、老年支气管炎、哮喘病、肺气肿、少儿营养不良等症，都具一定的药用功效。近代中医药认为石蛙肉性平、味甘，经常食用可补中益气、壮阳利水、活血消积、清热解毒、补虚止咳，特别适合于病后体弱、心烦口燥者食用。

《本草纲目拾遗》有“石蛙主治少儿痨瘦，疳积最良”的记载，《中国药用动物志》亦记载“石蛙有滋补强壮的功效，主治小儿痨瘦，疳积和病后虚弱”等。

现代医药研究发现，石蛙体含有一种能使离体子宫收缩的激肽（brandyplnin）。此外，利用石蛙肉拌入其他配料，还可烹饪出多种药膳，如用石蛙炖乌骨鸡，具有滋阴补肾、健脾养血的功效。石蛙肉焗饭亦有滋阴补虚、除虚热之功效。还可用蛙肉与冰糖、枸杞子（或红枣）加温水清炖，也是中老年人日常饮食的高级滋补品，具有强身防病和抗衰老等功效。石蛙的蝌蚪具有乌发、消毒解疮之功效。蛙卵还可明目。

三、高级皮革，用途广泛

石蛙皮薄而质地坚韧、柔软，富有弹性及绚丽多彩的花纹。经刮油、洗涤、干燥、修整、防腐等加工处理后，可制作上等钱包、手套、皮鞋、弹性领带、乐器配件等皮革产品。用蛙皮提炼的皮胶是珠宝、钻石等装饰品的优质黏合胶，是国际市场的紧俏商品。近年来，泰国、菲律宾、新加坡三国约有1/2的蛙皮有待于进口。

四、动物饲料，质超鱼粉

石蛙内脏、头部和趾蹼等副产品经过干燥粉碎后（或直接利用）可作为动物性蛋白质饲料，质量超过鱼粉（表 1－2）。根据试验，利用蛙的鲜内脏饲喂蛋鸡（每日每只喂 150 克），产蛋率和蛋重明显提高，平均每枚蛋重 60 多克；停喂 3 天后，产蛋率和蛋重则明显下降。以石蛙内脏加入猪饲料中，在 100

天时间内，每增喂 1 千克蛙内脏，猪体重平均增加 0.9 千克，以蛙内脏喂紫貂、水獭、鱼类等动物，均取得满意的结果。石蛙副产品经过加工后的干石蛙粉，在国际市场上每千克售价约为 15 美元。

表 1-2　蛙类副产品与其他饲料的对比

饲料名称	蛋白质/克	脂肪/克	碳水化合物/克	灰分/克	水/克	热量/千焦
蛙内脏	4.1	0.1	0.1	-	87.0	146
河螃蟹	7.0	1.3	0.6	-	80.0	255
河虾	4.0	0.2	0.4	-	81.0	201
河螃蟹	-	0.8	0.6	-	71.0	213
鸡内脏	-	10.6	-	3.4	-	564
猪肠	6.9	15.9	6.5	6.6	77.0	711

资料来源：李正军，等. 2000. 养牛蛙. 成都：四川科学技术出版社.

五、捕虫能手，害虫“克星”

石蛙是大型两栖肉食性动物，既善游泳、潜伏，又善于陆地跳跃（可跳 1 米多高），是捕猎害虫的能手。有人测算，1 只成蛙 1 年可捕食成虫万余只；石蛙的蝌蚪每只每天吃蚊子幼虫 100 多只，它所捕食的昆虫大多是农林业与卫生害虫，如大螟、二化螟、三化螟、稻纵卷叶螟、稻苞虫、稻叶蝉、稻椿象、黏虫、蚱蜢、蝼蛄、金龟子、天牛、苍蝇、白蚁等。由此可见，石蛙捕食害虫的能力远超过普通青蛙，因此可对农作物起到保护作用，真不愧为庄稼的“卫士”。

六、综合利用，价值倍增

石蛙体内含脂肪少，但在卵巢前方有一对金黄色的脂肪体却富含脂肪，经提炼后的蛙油，涂于创伤、烧伤的伤口有消炎、消肿、保护创面生肌长肉的作用，也常用作人类的高级飞机、火箭上精密仪表的优质滑润油。此外，蛙油不经提炼还可直接用于食品、化工、医药卫生、制革等行业，具有很高的经济价值。

石蛙的内分泌发达，包括脑垂体、松果体、甲状腺、副甲状腺、胸腺、肾上腺、胰岛腺、性腺等，它们都能分泌不同的激素，仅脑垂体就可分泌出 10 种激素。从内分泌腺提取的激素在医疗、生产上用途很大。例如，石蛙脑垂体的生理盐水（浓度为 0.7%）悬浮液，以适当的剂量给性成熟的鱼类、蛙类进行皮下或鳍部注射，可促进鱼类、蛙类产卵。此外，蛙皮含的肽物质是一种有奇效的抗菌药物，美国已成功分离并在动物体上做了实验，若在人体上实验成功，则临床免疫学将会发生翻天覆地的变化。

综上所述，石蛙全身都是宝，随着科学技术的发展，综合利用及深加工水平的逐步提高，石蛙的用途肯定会更多，因此，石蛙的经济价值必然倍增。

第二节　石蛙产业发展前景

当前，我国人工养殖的蛙类主要有黑斑蛙（青蛙）、中国林蛙（又称哈士蟆）、古巴牛蛙、美国青蛙和石蛙等品种，我国养殖牛蛙已有 40 多年历史，由于近亲繁殖等原因，部分品种已发生种质退化，遗传性和暴发性疾病日趋严重，死亡率较高。近年来因产量低，产品销售困难，致使广大牛蛙养殖户纷纷停业转产，据了解，近年浙江地区有些牛蛙养殖场，牛蛙售价每千克已跌至 10 元左右，产品无人问津。

而石蛙是一种食药兼用的优良蛙种，具有体型大、肉质优、繁殖率强、易饲养、有药用价值且适应规模化养殖生产的特点。实践证明，石蛙出肉率高、肉质鲜美，药用价值和蛙皮深加工等方面都优于美蛙和牛蛙，养殖石蛙的效益要比牛蛙高几十倍。目前上市的石蛙基本上靠上山捕捉，野生资源越来越少，已经到了濒临灭绝的境地。产品供不应求，价格不断攀升，体重 200 克左右的商品蛙售价为每千克 250 多元，长此以往，必将破坏石蛙资源和生态平衡。人工饲养石蛙，其目的在于利用野生资源，变野生为家养，使之尽快形成规模化养殖生产，以满足国内外市场对蛙类日益增长的需求。

早在 20 世纪 90 年代，我国南方几个省份，如江西、湖南和浙江等，先后攻克了石蛙驯养、人工繁殖和病害防治等技术难关，在此基础上开展人工养殖石蛙，并取得了较好的经济效益。从几年来的生产实践发现养殖石蛙具有以下特点。

一、抗热耐寒，适应性强

石蛙对温度适应性广，在温度为 5 ~ 35℃ 均能存活。水温为 20 ~ 30℃ 的条件下摄食旺盛；水温低于 10℃ 进入冬眠状态，超过 30℃ 时会出现夏眠，均不吃食；温度超过 35℃ 时会出现异常，甚至死亡；水温降至 0℃ 时，只要将水面结冰敲碎让空气流入，一般不会冻死。因此，不论是山区、丘陵、平原、江河、湖泊，只要有清洁的水源、有饵料（以昆虫为主），无工业污染，均可进行养殖。

二、饵料来源广，饲养容易

石蛙蝌蚪期主要摄食水中的浮游植物及麦皮、蛋黄、玉米面、面包、土豆、豆浆、鱼粉、面粉团、煮熟的鱼肉等，幼蛙及成蛙期主要觅食昆虫及其幼体、蚯蚓、黄粉虫、大麦虫、蝇蛆、小蟹、蟑螂、蚱蜢、小虾等动物性活饵料。因此，石蛙的饲料来源非常广泛，而且有些活饵料如黄粉虫、蝇蛆等，容易进行人工培养。

三、抗病力强，成活率高

石蛙除了运输时受到机械损伤引起的皮肤病外，很少患病。在饲养期间只要控制好温度，保持水质清洁无毒，饲料鲜活，喂足喂饱，其成活率在90%左右。

四、成本低，效益高

石蛙养殖具有投资少、效益高、市场俏的特点，不但能实现集约化生产，而且更适宜山区农民家养。假如每户养1 000只幼蛙（平均30克/只），占地面积为15～20平方米，（水泥池按10年折旧），需投资11 450元。以饲养10～12个月增重5倍计算，每只体重可达150克左右，即能生产150千克商品蛙。按市面上每千克180元计算，总收入27 000元，除去苗种、饲料和其他开支外，纯收入可达15 550元。如兼营蛙苗和种蛙等品种其经济效益会更高。

我们使用水泥池养殖石蛙已有10年之久，在增重5倍左右的情况下，每平方米获利约为770元。效益超过人工养殖黄鳝的2倍。

五、市场广阔，前景美好

石蛙养殖具有规模化的生产特点，可以大量生产商品蛙。目前，国际、国内消费市场对蛙类产品需求量很大，发展前景良好。我国于1993年起成功开发出无菌蛙类生物制剂、保健饮料、化妆品、皮革制件、蛙肉系列产品及利用蛙的副产品制药等，近年加工出口的蛙肉主要是冷冻产品，这些富有特色的新产品深受广大消费者的青睐。

我国石蛙养殖业虽然起步只有20多年时间，但已成为农业经济发展中的新的增长点，发展势态非常强劲。因此，积极开拓石蛙养殖业，是发展“一优两高”农业的新举措，是开发绿色保健食品的重要项目，也是广大农民脱贫致富，振兴农村经济的一条新路子，具有十分重要的经济意义和现实意义。同时，发展石蛙养殖还具有广阔的吸引国际市场的潜力和市场竞争力。我们相信，在进入21世纪的今天，石蛙作为一种珍贵的绿色食品而跻身国际市场，前景将无限美好。

第二章
石蛙的生物学特性

石蛙，学名棘胸蛙，是脊索动物门，脊椎动物亚门，两栖纲，无尾目，蛙科，蛙属中的一种动物。

第一节　石蛙的形态特征

一、外部形态

石蛙体大肥硕，成蛙的蛙体分头部、躯干和四肢三部分（图 2－1）。成蛙体长为 10～13 厘米，个别达 15 厘米，体重为 250～350 克。据资料记载，雄性最大个体可达 750 克，雌性最大个体可达 600 多克，其体形与虎纹蛙（俗称老蛤）和黑斑蛙（俗称青蛙）基本相似，但体色各异。

1. 头部

成蛙头部宽而扁平，头宽大于头长，略呈三角形，前端稍尖，游泳时阻力小，吻端钝圆，突出下颌，吻棱不明显。颊部

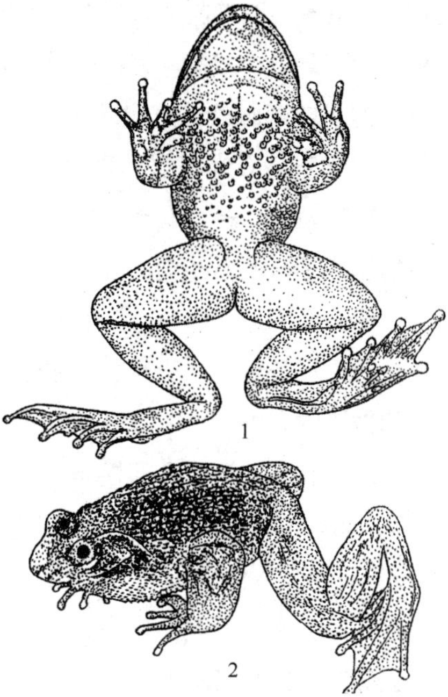

图 2－1　石蛙（雄）外形全貌

1. 胸部有棘疣；2. 背部棘疣显著

向外倾斜，头颊棕黄色。口裂宽，位于头部前端，颌缘有齿，在吻与眼之间有一对鼻孔。鼻孔间距与眼间距几乎相等，内为鼻腔，与内鼻孔、口咽腔相通，是蛙呼吸空气的通道，外鼻腔上有特殊的瓣膜，可开闭，以控制空气进出，是肺呼吸的外通道。眼呈椭圆形，大而凸出，位于头部最高处，视野广阔，除了观察远距离物体外，晚间也能看见运动着的物体，如昆虫等。眼的上方有一沿着眼眶上缘垂下的皮肤褶，是上眼睑，它固定在眼球上不能活动。上眼睑下面是下眼睑，能活动。在眼睑上方连接处有一层折叠透明的瞬膜，呈红棕色，能做上下运动。当蛙潜水时，瞬膜会自动上移，有保护眼球的作用，夜间瞳孔放大，几乎占据了整个眼面，这时若用手电筒照射观察，眼球闪耀着淡蓝色的光芒。石蛙在强光直射下往往伏地不动，人们利用它的这一独特习性，在夜间点灯捕捉，效果很好，但由于石蛙眼球中的晶体不能调节凸度，因而只能看到运动着的物体，对静止的物体视而不见。因此，投喂人工配合饵料，必须从幼蛙开始，只有经过长时间的驯养后，才能改变它专食活饵的习惯。石蛙的鼓膜内有中耳腔，借以接收来自空气中的声波，产生听觉。中耳腔有咽鼓管与咽部相通，可平衡鼓膜内外的压力，以免强大的音波损害鼓管。雄蛙的咽喉部内具有声囊，声音经由肺和口底的声囊之间，空气往返于声带上方，使声波振动而产生声音。声囊起共鸣器作用，故鸣声洪亮，雌蛙无声囊结构，不会鸣叫，但在繁殖季节，能发生“喀、喀”的求偶应和声。

2. 躯干部

石蛙无颈。鼓膜之后至泄殖孔之前这段部位为躯干部，躯干部和头部直接相连，故头部不能转动。适于在水中游泳。躯干部短而扁平，为蛙体中最大的部分。其腹部膨大，内部容纳了大部分内脏，最末端略扁，开口处有一泄殖孔，称为肛门，具有生殖和泌尿作用。

3. 四肢

躯干部两侧着生四肢，粗壮发达。前肢较短，强壮有力，由手、上臂和前臂三部分组成，成年雄蛙拇指内侧有发达的婚垫，也称婚瘤（图2－2），生殖季节用以抱持雌蛙，婚垫内含黏液腺，能分泌黏液。与雌蛙抱对时紧紧粘牢而不会滑脱。繁殖期过后，婚垫渐渐消失。繁殖季节出现的婚垫是鉴别雌雄蛙的重要标志之一。

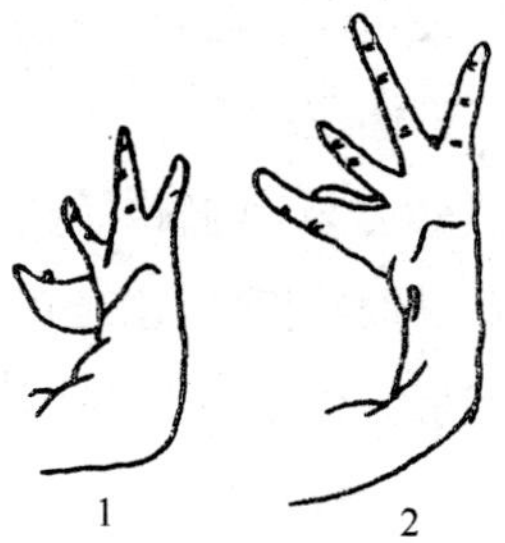

图 2－2　生殖季节石蛙的前肢外形

1. 雄蛙；2. 雌蛙

石蛙的拇指陷于皮内，故外观只见 4 指，即第二、第三、第四和第五指，指间无蹼，指端无爪。前肢主要起支撑躯体的作用，后肢长而肥壮，肌肉丰满，是跳跃游泳的主要器官。后肢由股（大腿）、胫腓（小腿）和附足三部分组成。附足具趾、趾全蹼，适于游泳和在陆地上跳跃。

石蛙栖息陆地时，常以前肢直立着地，支撑前部以利于举目张望，探索四周动静，寻机采食。一旦发现“敌情”，即跳跃逃逸。当蛙体落地时，以前肢先着地，使躯干和头部免受震动损伤。当其栖息水中时，常用前肢抓住水面水草，使头部露出水面便于呼吸。

4. 皮肤与体色

石蛙皮肤粗糙，背部布满黑色刺疣，如同蟾蜍（俗称癞蛤蟆），因而在广东有石蛤蟆之称，雄蛙背部有长短不一的窄长疣连接成行，但排列不规则，间有小圆疣，整个胸部布满分散的黑色大刺疣，但并不分成两团（彩照 3），故有棘胸蛙之称。内侧两指上有黑刺。雄蛙有 1 对咽侧内声囊。咽部也有少数刺疣，但较小。两指内侧也有刺突。腹面呈淡黄色，雌性前肢不如雄性发达，背面无窄长疣，均为分散的小圆疣，胸部无刺状棘突，腹面皮肤光滑、白色，无疣和角质刺（彩照4）。这些特征是分类学上的重要依据。

石蛙的皮肤是由薄的表皮层和较厚的真皮层组成。表皮层由角质层和生发层构成。角质层中有1~2层细胞开始角质化，但角质化程度不深，仍有活细胞，这种轻微的角质化，在一定程度上能防止水分蒸发。生发层位于角质层之下，有很强的分生能力。新生的细胞可逐渐向上补充已脱落的角质层细胞。真皮层中有许多腺体，可分泌黏液。黏液中含有溶菌酶，排至体外，可抑制和杀灭皮肤表面的病菌，并保持皮肤湿润；另外，真皮层中有丰富的神经末梢和血管，有利于吸收空气中的氧气和排出二氧化碳，从而完成呼吸功能（图2－3）。石蛙表皮角质化程度较高，能较好地防止体内水分的蒸发。真皮内含丰富的血管和发达的淋巴间隙，可进行气体交换，皮肤呼吸功能由此产生。为使呼吸正常进行，蛙的皮肤需常保持湿润，除靠分泌黏液外，在一般情况下石蛙总是要在潮湿地带栖息生活，其原因就在于此。

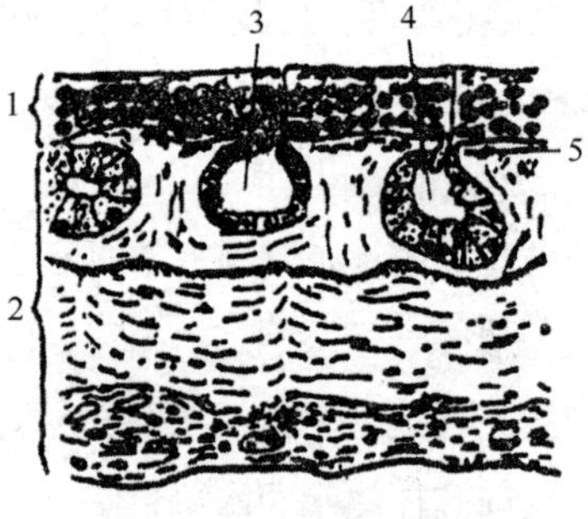

图2－3　石蛙的皮肤

1. 表皮层；2. 真皮层；3. 黏液腺；4. 颗粒腺；5. 血管

表皮和真皮内均分布有色素细胞，能使蛙皮形成绚丽多彩的斑纹（图2－4）。蛙体色素的变化是在外界环境影响下，通过神经体液调节而发生变化的。如环境颜色变暗，通过眼、视神经传至脑垂体中叶，促使它分泌黑激素，使色素细胞内的黑色素扩散，其体色就变深。外界温度上升，通过神经体液调节，体色变浅；温度下降，则体色加深。色素细胞通过扩展、聚合的变化，引起体色的变化，由此变成与生活环境相同的保护色。

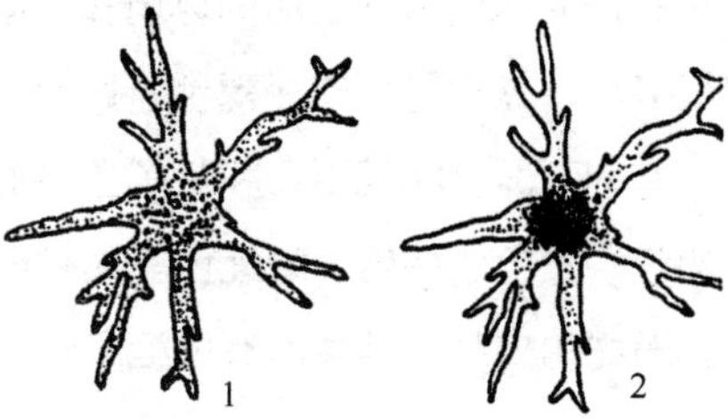

图2－4　石蛙皮肤的色素细胞

1. 色素颗粒散布；2. 色素颗粒集中

石蛙皮肤只有少部分区域固着在皮下组织上，大部分区域的皮肤与皮下组织之间是充满淋巴液的淋巴间隙，这种间隙呈囊状。因此蛙皮能够很容易地剥离下来（图2－5）。

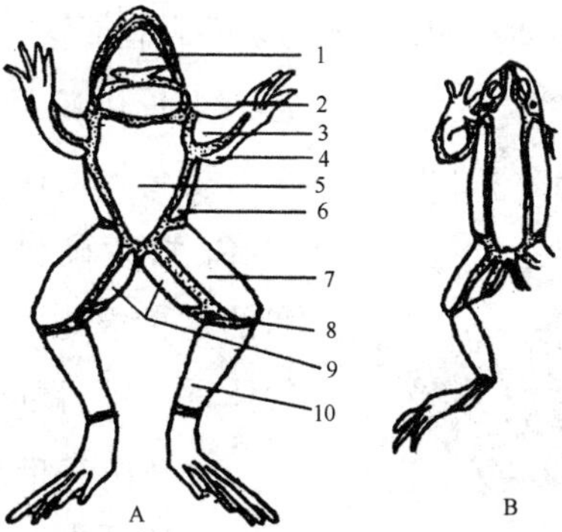

图2－5　石蛙体腹（A）和背侧（B）的皮下淋巴囊

1. 领下囊；2. 胸囊；3. 肱前囊；4. 肱后囊；5. 腹囊；6. 侧囊；

7. 股囊；8. 股下囊；9. 股间囊；10. 胫囊

石蛙的体色依其生活的环境和年龄不同而变化。它的体色有很多种，最常见的有深褐色、黄褐色的带状或不规则的大斑块，有的背面为深浅不一和灰黑色带有虎斑的条纹，也有的呈深棕色、黑色、棕色、暗红色等几种颜色。

石蛙的皮肤、肺和所有两栖动物一样都是非常重要的呼吸器官。

石蛙在冬眠期间几乎全靠皮肤进行呼吸。蝌蚪无肺，有鳃，是由皮肤和鳃进行呼吸的。

二、内部结构与功能

1．骨骼和肌肉系统

石蛙的骨骼是支持身体的支架，可以保护内部许多重要而又柔软的器官，免受外界的机械损伤，同时与肌肉一起完成蛙体的运动。石蛙的骨骼分为中轴骨和附肢骨骼两部分。中轴骨包括头骨、脊椎骨和胸骨三部分。头骨扁而宽，近似等腰三角形。头骨由脑颅和咽颅组成。头骨退化，软骨脑颅骨化程度不高，膜性硬骨大量消失。头骨的这种退化，可能与它为减轻体重、利于跳跃有密切关系。

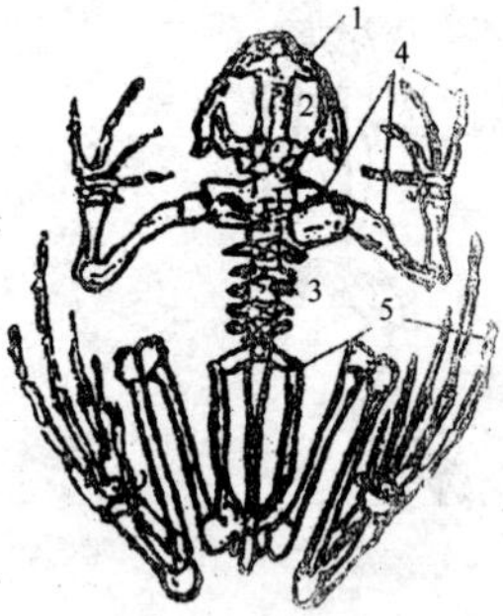

图 2－6　石蛙的骨骼

1. 颌骨；2. 脑颅；3. 脊柱；4. 前肢骨；5. 后肢骨

脊柱由脊椎骨组成，包括颈椎、躯干椎、荐椎和尾椎。前肢骨和后肢骨都连接在脊柱上（图 2－6）。

石蛙由肌肉组成体壁、四

肢及各种器官，并使这些器官运动。按其构造，肌肉可分为横纹肌、平滑肌、心肌三种。横纹肌运动力强，易疲劳，多附在骨骼、四肢、体壁上；平滑肌可持久运动，不易疲劳，多附在肠、胃、膀胱等内脏器官上；心肌可持久运动，收缩力极强，主要构成心脏。按其部位，肌肉可分头部肌肉、躯干部肌肉、四肢部肌肉，其中以四肢部肌肉最发达。

2. 呼吸系统

石蛙蝌蚪无肺，利用皮肤和鳃进行呼吸。早期有3对羽状外鳃。外鳃萎缩消失的同时，逐渐出现内鳃（图2－7）。鳃腔以一个出水孔与体外相通。不论外鳃或内鳃，均有大量的毛细血管，而且有较大的与水相接触的表面积，以利于在水中呼吸。当内鳃消失后蝌蚪就变成了用肺呼吸的幼蛙，开始水陆两栖生活。成蛙的呼吸系统由鼻孔、鼻腔、口咽腔、喉气管、肺等器官所组成。石蛙直接利用空气进行呼吸，空气进入外鼻孔

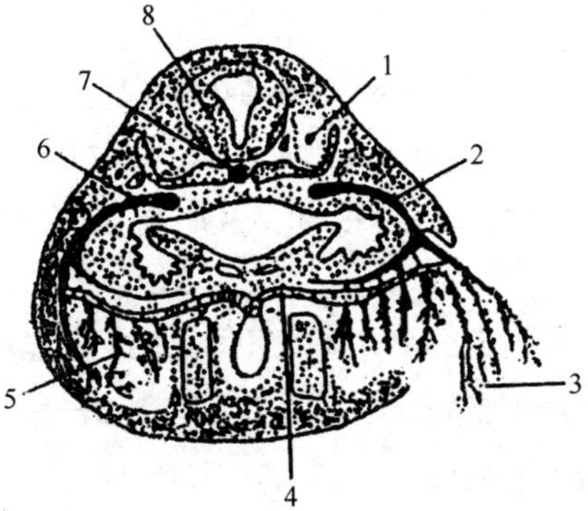

图2－7　石蛙蝌蚪的内鳃与外鳃

1. 耳腔；2. 入鳃动脉；3. 外鳃；4. 出鳃动脉；5. 内鳃；6. 脊索；7. 神经管

再经内鼻孔达口咽腔。肺1对，为薄壁盲囊，结构简单，内为一个肺泡，表面由许多小肺泡连接而成，囊壁布满很多毛细血管，肺泡骨内充满蜂窝状组织，从而增加了与空气的接触，而气体就在肺泡内进行气体交换。

石蛙因没有肋骨和胸廓，肺呼吸是以一种特殊的吞咽式的呼吸方式来完成的。吸气时，口紧闭，鼻孔张开，口咽腔底部上举，喉门打开，空气由口咽腔压入喉气管室而进入肺内。由于体壁肌肉周期性的收缩及肺壁的弹性回缩，当口咽腔底部下降时，肺内的空气又压回上咽腔，再经鼻孔呼出体外（图2－8）。

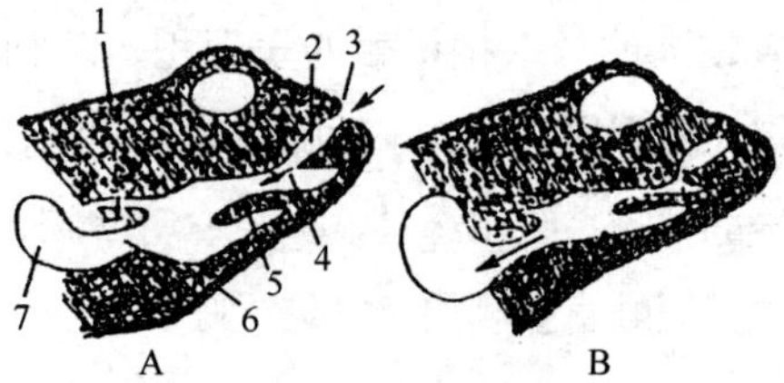

图2－8　石蛙的呼吸状态

［示空气进入鼻、咽（A）及肺（B）］

1. 食道；2. 鼻腔；3. 外鼻孔；4. 内鼻孔；5. 舌；6. 喉门；7. 肺

由于蛙的肺构造简单，肺的气体交换还不能满足其全身代谢的需要，还有1/3的气体交换得由皮肤来负担，可见蛙的皮肤呼吸有很重要的作用。

3. 消化系统

石蛙的消化系统是由消化管道及消化腺两部分组成（图2－9）。消化管道由口、口咽腔、食道、胃、小肠、大肠、泄

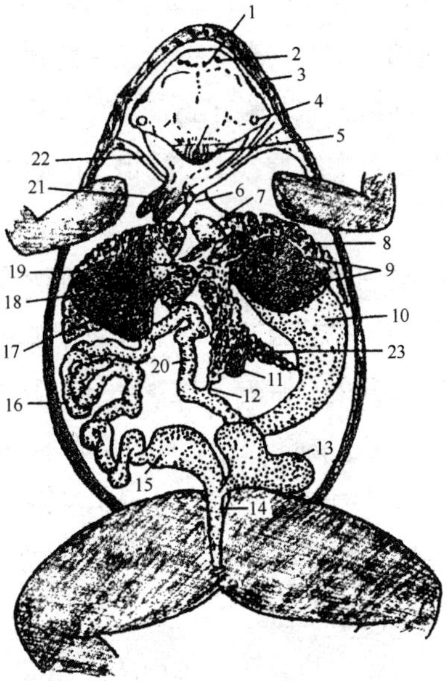

图2－9　石蛙的消化系统

1. 梨骨齿；2. 内鼻孔；3. 上颌；4. 耳咽管孔；5. 喉门；6. 喉气管室；7. 食道；8. 肺；9. 肝（左、中叶）；10. 胃；11. 脾；12. 胆总管；13. 膀胱；14. 泄殖腔；15. 直肠；16. 小肠；17. 右肝叶；18. 胆囊；19. 肝管；20. 十二指肠；21. 舌；22. 下颌；23. 胰脏

殖腔、泄殖孔组成。口中具有肌肉质的舌和分泌黏液的唾液腺，用来吞咽湿润食物。舌呈黄白色，结构简单，舌根着生于下颌前沿，舌尖分为两叉，平时朝向咽部，呈游离状，可自由伸卷。舌面和口腔内壁覆盖着一层黏膜细胞，具有吞咽和味觉的功能。在上颌骨和前颌骨边，着生一排能把握食物而无实际咀嚼功能的牙齿。咽的后端是食道，很短，位于喉背面、身体

正中线位置，食道下端通胃。胃位于胸腹右侧，其形状略弯曲，如袋状，肌肉层肥厚。胃与小肠交接处称幽门。小肠为十二指肠，肠管细而薄，后段为回肠，几经转折到大肠。大肠又称直肠，位于身体正中线上，比小肠粗大而短直，末端开口于泄殖腔。

石蛙的消化腺有胃腺、肝脏、胰脏、胆囊等。肝脏较大，呈红褐色，位于胸腹腔前端，分为左右两叶和较小的中叶，左叶又分为两个不张开的前后叶。胆囊位于肝脏左右两叶之间，呈黄绿色，近似圆形，内贮胆汁，胆汁经胆管输入消化道。胰脏是一条淡红色或黄白色管状腺，外形不规则，位于胃与十二指肠之间的肠系膜上。胰脏分泌多种消化酶的胰液，经导管输入十二指肠，帮助消化食物。

食物中的蛋白质在盐酸和胃蛋白酶作用下，在胃中消化。脂肪、碳水化合物、蛋白质在胃液、胰液、胆汁、肠脉酶作用下，在小肠中消化吸收。大肠主要吸收食物中的水分，食物残渣由泄殖腔排出。

4. 生殖系统

石蛙为两性异体，进行体外受精，无外生殖器。雄性生殖腺为一对椭圆形浅黄色睾丸，大小因个体和季节不同而异，位于腹腔背侧、肾脏下方。睾丸产生的精子，经输精小管到肾脏、输尿管、泄殖腔。每一睾丸前方有一金色分枝的指状脂肪体，为休眠和繁殖期间的精子提供营养，其数量、大小也作相应的变化（图2－10）。雌性生殖腺是一对多叶的囊状卵巢，位于腹腔内的肾脏前端腹面，大小因季节而异。生殖季节膨大，内有许多黄黑色球形卵粒。成熟的卵子游离到腹腔入输卵

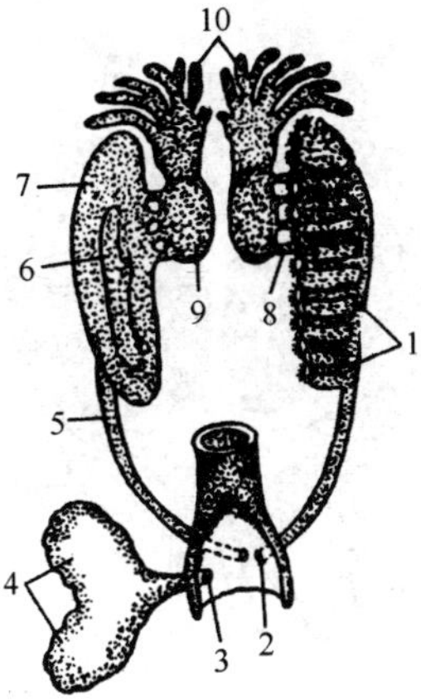

图 2－10　雄性石蛙的泌尿生殖系统

1. 肾细管；2. 尿殖管开口；3. 膀胱口；4. 膀胱；5. 尿殖管；
6. 肾上腺；7. 肾；8. 输精小管；9. 睾丸；10. 脂肪体

管喇叭口而达输卵管，同时卵上包被输卵管腺体分泌的胶状物质，再通入子宫，最后由泄殖腔排出体外。卵巢前方也有一对金黄色的脂肪体，其作用与雄蛙的脂肪体相似（图 2－11）。

5. 排泄系统

石蛙的排泄系统包括肾脏、输尿管、膀胱和泄殖腔等器官。肾脏 1 对，位于体腔后部脊柱两旁，是 1 对暗红色、长椭圆形的器官。自外缘后端有一条输尿管通向泄殖腔。膀胱呈管状，中空如囊，位于泄殖腔腹侧，开口于泄殖腔。当蛙在水中通过皮肤吸收大量水分时，进入体内的水经肾脏的肾小球过滤后通过输尿管进入膀胱。膀胱壁很薄，尿液进入膀胱贮存，待尿液充满膀胱后，借助腹肌收缩，压迫膀胱，将尿液再排到泄殖腔中，然后从泄殖孔排出体外。石蛙膀胱具有很强的再吸收

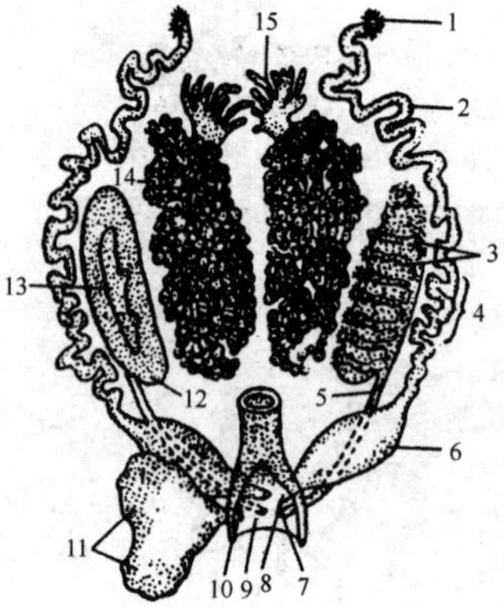

图 2－11　雌性石蛙的泌尿生殖系统

1. 输卵管腹腔口；2. 输卵管前段；3. 肾细管；4. 输卵管中段；5. 输尿管；6. 子宫；7. 输尿管开口；8. 子宫在泄殖腔的开口；9. 泄殖腔；10. 膀胱口；11. 膀胱；12. 肾；13. 肾上腺；14. 卵巢；15. 脂肪体

水分和贮存水分的功能。肾脏除了有泌尿的功能之外，还具有调节水分、维持渗透压平衡的功能。

第二节　石蛙的生活史

石蛙一生中所经历的生长发育及繁殖的全部过程，称为石蛙的生活史。它包括从生殖细胞的发生、形成、受精，到成体的衰老、死亡，人为地划分为胚前发育、胚胎发育和胚后发育三个阶段。

一、繁殖季节

石蛙为雌雄异体。雄性精巢的生殖细胞经发育形成精子，雌蛙卵巢的生殖细胞经发育形成卵子。多数石蛙经2年生长，可达性成熟程度。

石蛙的产卵期因各地区条件不同和个体性成熟程度不同而有先后。在广东、广西和福建地区，自3月下旬至9月中旬为产卵期，4—6月份为产卵盛期。浙江地区，自4月底开始产卵，直到9月底结束。安徽地区，自4月下旬至9月中旬为产卵期，5月中旬至7月中旬为产卵盛期。贵州地区，因气温低，产卵期比较迟，一般自5月上旬开始产卵至9月底结束，以5月下旬至6月下旬为盛期。在正常情况下，石蛙群体产卵大致一年分3批，第一批在4月下旬，第二批在5月底至6月初，第三批为7月上旬至8月下旬。个体1年产卵1～2次。产卵期水温为18～22℃。

二、生殖习性

雄性石蛙无交接器，形成的精子不能通过交配直接输送到雌蛙的生殖器官中，但是石蛙发情时有抱对习性。在繁殖季节，雄蛙比雌蛙提前1～2周鸣叫发情。这时雄蛙前肢的婚姻垫格外明显，呈暗红色，胸部黑刺特别发达，发出“呱、呱”的求偶声，借以招引对方并追逐雌蛙。雌蛙腹部膨大柔软，富有弹性，用手触摸有明显的卵粒感觉。此时，性成熟的雌蛙也停食，积极向雄蛙鸣叫的方向跳跃、游动，有时发出“喀、喀”声应和，并依恋雄蛙不分离。雄蛙便骑跳于雌蛙背上，用其粗壮有力的前肢夹紧雌蛙腋部进行抱对（图2－12），在前肢有节奏的松紧动作下，促使雌蛙开始排卵，雄蛙也适时排出精液，完成整个交配和体外受精的过程。卵子与精子在水中相遇进行体外受精（彩照5）。由于抱对时雄蛙的泄殖腔孔紧靠雌蛙的泄殖腔孔的上方，使精液可直接排在卵上，从而增加了卵在体外（水中）受精的机会。

图2－12　石蛙抱对

随着卵子的产出和受精，雄蛙接着用后肢伸缩泼水，将排在水中的卵子推向后方。石蛙产卵时周围环境要求安静，要防止人为干扰，以免造成停产。

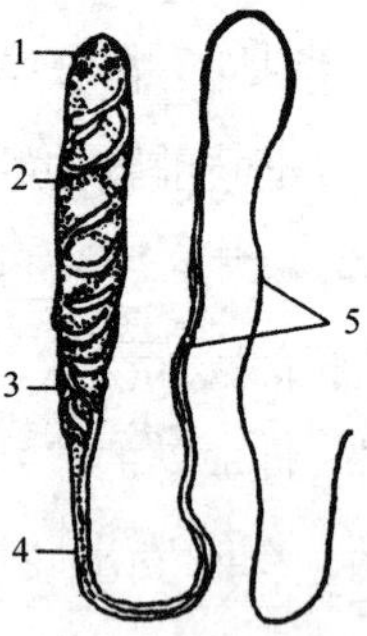

图2－13　石蛙精子

1. 顶体；2. 头部；3. 颈部；4. 轴丝；5. 尾部

石蛙的精子由头部、颈部和尾部三部分组成（图2－13）。头部呈圆棒形，主要为核质。顶体略呈尖形，它与针形的顶体相连。在顶体有一粗纤维组成的精密的尖形结构，称穿孔器。颈部含有中心体和线粒体，长短不一。由中心体生出鞭毛，构成尾部。石蛙的卵为圆形，卵径为 4 ~ 5 毫米。卵外被胶质膜裹着，卵粒彼此黏连成片，刚产出的卵粒较为柔软，略有黏性，卵产后吸水膨胀可达原卵径的 2 ~ 3 倍。动物极为黑色，植物极为黄白色（图 2 – 14）。精子和卵子融合后形成卵堆。卵常产于水流平缓的浅水处，通常一端黏在水中的石块或水生植物体上。卵外胶质膜厚，黏性强，有时相连成绳索状或葡萄串状，每簇有 20 ~ 30 粒卵子。石蛙每次产卵量不多，为 300 ~ 600 粒，有极少数超过 1 000 粒（表 2 – 1）。石蛙的繁殖率远低于美国青蛙、牛蛙和虎纹蛙等蛙类。卵刚产出时，有的动物极在上，有的植物极在上，待转换后，才全部动物极在上。若还有植物极在上的，则为未受精卵，石蛙的受精率一般可达 90% 以上。

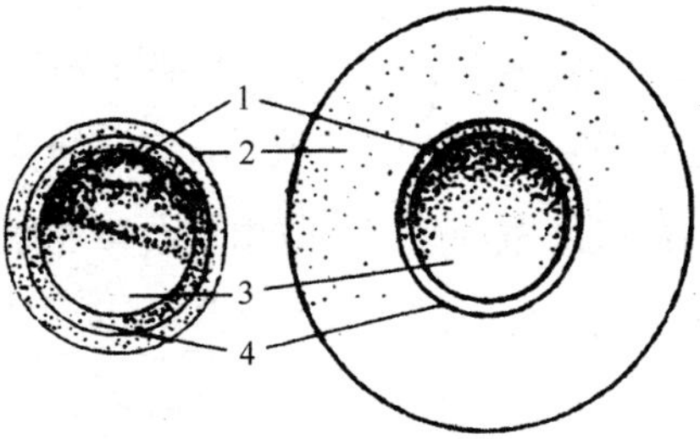

A. 卵胶质膜膨胀前　B. 卵胶质膜膨胀后

图 2 – 14　石蛙卵子

1. 动物极；2. 胶质膜；3. 植物极；4. 卵黄膜

石蛙卵的怀卵量主要取决于雌蛙个体的重量。在正常情况下，个体愈大，怀卵量就愈多；反之，个体小，怀卵量也少。另外，怀卵量还与雌蛙年龄、营养条件和生态环境等诸多因素有关。

表 2－1　石蛙不同体重的绝对怀卵量和相对怀卵量与全重的关系

个体重/克	体长/厘米	卵巢/克	空壳重/克	绝对怀卵量/粒	相对怀卵量①/（粒·克$^{-1}$）	成熟系数/%
100 以下	10.7	4.95	87.1	348.0	3.81	5.35
101～150	11.4	10.70	110.2	50.3	4.55	8.37
151～200	12.0	15.50	158.9	593.0	3.35	8.83
201～250	13.0	22.40	202.8	1 244.0	5.41	10.20
250 以上	13.8	40.00	296.0	2 000.0	5.95	11.90

注：①指每克体重的怀卵粒数。

从表 2－1 可以看出，绝对怀卵量、卵巢重量和性腺成熟系数都是随着个体重量的增加而增加的，但相对怀卵量在体重为 151～200 克时出现低值。体重至 200 克以上，相对怀卵量又大幅度增加。此外，对 100 克以下的雌蛙解剖表明，此体重段的石蛙多数卵巢发育不完全，仍处于Ⅱ期发育阶段，仅有少量处于达标期发育阶段。在人工繁殖时，应选择 2～4 龄，体重为 200 克左右的成蛙做种蛙，同时由于石蛙卵成熟系数较低，在进行人工催产时，为了得到一定的产卵量，必须对种蛙进行 2～3 次人工催产。

三、变态过程

石蛙的生长发育要经过受精卵、胚胎发育蝌蚪变态、幼蛙、成蛙等阶段，直至性发育成熟（图 2－15，彩照 5 至彩照 11，彩照 1）。

1. 孵化期

石蛙的早期胚胎发育是指蛙卵从受精开始，直到发育成卵

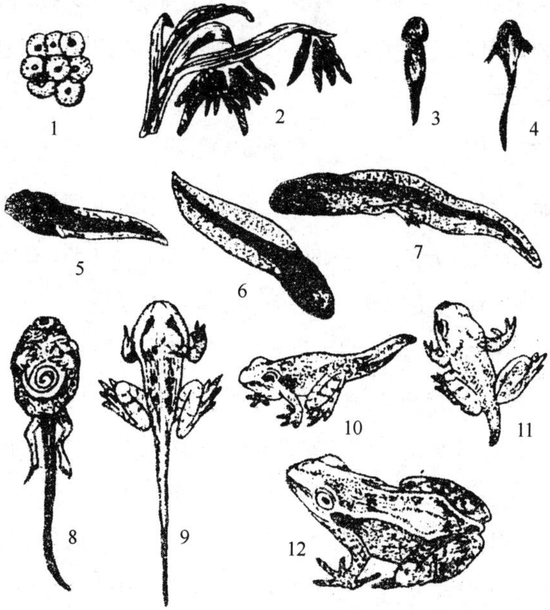

图 2－15　石蛙的变态过程

1. 胶质膜膨大的卵；2～3. 初孵化的蝌蚪；4. 具外鳃的蝌蚪；5. 具内鳃的蝌蚪；6. 具后肢芽的蝌蚪；7～8. 具后肢的蝌蚪；9. 变态前的蝌蚪；10～11. 变态中的蝌蚪；12. 变态完成的幼蛙

黄囊尚未耗尽，尚未向外界摄取食物的蝌蚪为止的发育过程。根据外部形态特征和生理上新的显著特征的出现，大致可划分 20 个时期。整个发育是连续演变的过程，当前一个时期完成时，后一个时期已经开始，前后两个时期的特征有延续性，因此在各个时期之间存在着过渡的形态，有时很难划分。石蛙受精卵在水温为 19.5～20.5℃ 的条件下，经历定向期、2 细胞期、4 细胞期、8 细胞期、16 细胞期，直到分裂至 64 细胞后期则形成囊胚，其中有一空腔，称为囊胚腔。卵受精后大约1周，胚胎几乎形成，再经历1~2天胚胎突破卵膜，外出成为幼虫——蝌蚪。

2. 蝌蚪期

刚孵出的蝌蚪体形似鱼，全身黑色，用鳃呼吸，身体被一层发达的游泳膜所包围，头的两侧有3对羽状外腮，无成对的附肢，鼻孔位于头的前端，头腹部有蹄形的吸盘，口位于吸盘下方。蝌蚪依靠吸盘附着物体休息，也可靠长尾（其边缘有发达的游泳膜）的摆动在水中作短距离的游泳。此时若无附着物，则蝌蚪往往会沉入水底被泥沙覆盖而导致死亡。刚孵出的蝌蚪虽有张开的口，但不与肠相通，仅供呼吸用。刚孵出的蝌蚪，依靠吸收卵黄囊营养，3天后，蝌蚪的卵黄囊消化，口与头腹盘曲、细长的肠道相通，此时肠道约为体长的10倍。蝌蚪开始用有各种角质齿的口器（图2－16）摄食水中的浮游植物和有机碎屑，也剥食水生植物，摄食少量的浮游动物及腐烂

图2－16　石蛙舌根着生部位及捕食过程

的动植物，以及人工投喂的饵料（如豆腐、蛋黄、猪血、贝肉、虾肉、熟南瓜等）。这时的蝌蚪体长为 0.6～1.0 厘米，身体较细弱，在捕捞或搬运时要特别当心，以免碰伤，同时，还要防止天敌的捕食。

卵黄囊消失的同时，右外腮退化，腮孔亦被皮质鳃盖封闭（鳃盖完成期），但在左鳃留有一喷水孔。水从口进入，经内鳃，再由喷水孔流出，以进行内鳃呼吸，此孔一直延续到前肢长出后才封闭，呼吸运动就由鳃腔内鳃来进行。

3. 幼蛙形成期

大约孵化后 30 天，蝌蚪尾鳍基部、肛部两侧出现乳头状凸出，出现后肢芽，并逐渐成长为后肢，形成股、胫、趾和蹼。孵化后 60 天左右，前肢于鳃盖喷水孔伸出体外，逐渐长成前肢。前后肢成长的同时，蝌蚪尾部作为营养逐渐缩小直至消失。与此同时，口裂逐步加深，鼓膜出现，最后口裂延伸至鼓膜的下方，肉质舌也长成，此时内鳃则逐渐退化而以肺来代替呼吸。此外，血液循环、排泄、神经、感觉等器官系统也进行了相应改变。从而为以植物性食物为主转变到以动物性食物为主的摄食方式，为从水中生活转变到陆地上生活提供了结构基础。

第三节　石蛙的生活习性与生物学特性

一、生活习性

1. 两栖性

石蛙喜栖息在草木丛生、阴凉安静、清水长流的山涧、溪流的自然洞穴（水潭）或石缝之中。白天多栖息于石穴洞口，将头露出水面呼吸或猎食空中飞过的昆虫。在安静适宜的环境中，白天也会出穴寻找食物。每当夜晚，石蛙爬到潮湿的草地，活动频繁，有时要“玩”到午夜甚至黎明时分才陆续返回栖息地。但是它们的活动地盘很小，只限于洞穴周围几十米的范围内。石蛙喜水，较少登陆，只初步适应陆地生活。它的皮肤全部裸露，保水性能较差，而且必须保持潮湿，以进行皮肤呼吸，弥补肺结构简单的缺陷。另外，石蛙无交尾器，抱对、产卵、排精、受精、孵化、蝌蚪的生活和变态都必须在水中进行。

2. 野生型

长期处于野生状态的石蛙，被人类养殖仅有 20 余年，而且大多为野外放养类型。因此，石蛙至今还保持很多野生特性。它对环境的适应能力很弱，一旦转移到新的环境就表现出烦躁不安，拒食，乱跳乱窜或潜水、钻洞，利用保护色潜伏在水草丛中，几小时不浮出水面。石蛙的攀爬和弹跳能力都很强，石蛙跳高可达 1.2 米，跳远达 3～5 米，就是刚变态的幼蛙也能跳 40 多厘米高，还可以从一个很小的洞隙中钻出养殖场。幼蛙可利用四肢沿着光滑的玻璃壁爬出缸外；有的养殖场里每年从水泥池的排水口或网盖缝隙中逃出的幼蛙竟达 100 余只，真是防不胜防。石蛙喜静、怕惊扰，在人们围观下往往不吃食，在喧闹的环境下常难以抱对、产卵或排精等。因此，石蛙养殖场应建在环境安静、无人为干扰的地方。

石蛙的感觉器官特别灵敏，对天气变化尤为敏感。每当天气闷热、热带风暴来临之际，石蛙往往倾巢而出，蹲在潮湿的山崖高处，或在溪流边的水草丛中纳凉，并发出“啯、啯”的鸣叫声，声音洪亮，几十米处都能听到。山区村民以此来预报天气变化。因洪水泛滥造成水位上涨时，石蛙会自行爬上高处，或入洞匿藏，它的自我保护意识很强，所以，石蛙又有“山精”之称。

3. 食性

石蛙眼球中的晶体由于不能调节凸度，因此对活动着的物体很敏感，善于发现并捕食活动的动物，而对静止的物体却视而不见。当其发现目标物时，就猛然跳起，伸出灵巧而柔软的长舌（舌面富有黏液），将食物逮住，迅速卷入口中，然后利用前肢清理口边残食（图 2－16），石蛙是典型的夜间觅食生物，以昆虫包括幼体、蚯蚓、蝇蛆、小螺、小虾、小鱼等动物性饵料为主，不摄死食或不活动的食物（表 2－2）。石蛙的味觉感受器很发达，对其摄食行为具有重要作用。

表 2－2　石蛙的食物种类分析

食物门类	出现率/%	肠道中未完全消化的食物
环节动物门	9.67	蚯蚓
软体动物门	9.67	椎实螺
甲壳纲	9.67	小蟹、虾
多足纲、蛛形纲	6.45	蜈蚣、马陆、蜘蛛等
昆虫纲	48.38	昆虫、植物残渣
鱼类	6.45	小杂鱼、泥鳅
蛇类	3.23	小幼蛇
鸟类	6.45	小型鸟类的羽毛及喙

注：从 47 只成蛙中解剖的结果。

从表2－2中得知，石蛙以动物性食物为主，其中以昆虫及其幼体占多数（48.38%），在胃和肠中还发现少量的植物残渣，这可能是在捕食时被带进而吞食的。

在自然状况下，当食物严重缺乏时，石蛙饥饿难忍，往往会出现自相残杀。一般为大蛙吃小蛙，也可能出现年轻健壮的蛙攻击年老体弱的大蛙的现象。因此，人工养殖石蛙一定要大小分开，以减少不必要的损失。

4. 群栖性

石蛙一般不集群活动，但也常几只或几十只共栖一处。在环境幽静的情况下，每只蛙都有大致固定的栖居位置。尤其是每到繁殖季节，常集体迁居到环境优良的水陆湿地，雄蛙发出“呱”、“呱”的鸣叫声，以招引雌蛙。当其完成生殖任务后仍能各自返回原栖息地。这种定向迁移的距离可达数千米之远。冬季来临，气温降至10℃以下，石蛙便进入冬眠状态。雌雄同居，大小共处一穴。捕蛙者常利用石蛙群栖的习性，在其冬眠时，挖洞捕蛙，多时一次能捕几千克。这种滥捕蛙的行为已造成石蛙天然资源锐减，应严加禁止。

5. 冷血变温性

石蛙为冷血变温动物，其体温随环境温度变化而变化，不具备恒温调节的功能。因此，石蛙的生长发育、繁殖及各种生理活动明显受季节周期，尤其是受水温变化所制约。如在我国浙江、安徽一带，石蛙有冬眠4个月的习性；而在广东、广西、海南、云南诸省区，只冬眠1个月；在人工养殖时，可利用地热水、工业无害废热或安装保温防风设施，使水温保持在20～26℃，使石蛙不冬眠或缩短冬眠期，而且可常年繁殖，以提高养殖价值。

在自然条件下，春、秋两季是石蛙活动最频繁、摄食量最大、生长最快的季节。在夏季水温超过30℃时，蛙皮水分蒸发量大，而感到不适，摄食量相应减少，会出现夏眠。冬季水温降至10℃以下时，蛙的代谢很弱，活动较少，生长停滞，不吃不动，双目紧闭，对外界刺激无反应，开始潜入水底或杂草间进入冬眠。在冬眠期主要靠肝脏、脂肪来维持极为微弱的生命活动。在自然条件下，石蛙喜欢栖居于山溪深水潭内或溪边富有泥土的洞穴中过冬，这可能是泥洞比石洞暖和的缘故。因这些洞穴的抗寒性要比石洞好，冬眠后的蛙体重将会有适度减轻。惊蛰前后水温回升至15℃时，蛙便陆续苏醒，冬眠期间，若水温上升到适宜温度，蛙就会跳出洞穴在水潭中活动采食。

二、生物学特性

石蛙是一种珍稀名贵的两栖动物，对环境条件的要求苛刻。

1. 温度

温度对石蛙的性腺发育、成熟和胚胎形成发育均有直接的影响。每当春暖花开的季节，水温升到18～20℃，约为每年的5—9月份，石蛙开始发情、抱对、产卵、排精等繁殖活动。水温降至12℃以下，蛙则进入冬眠状态，开始穴居、闭目绝食的生活。此时，呼吸次数减少，甚至停止呼吸，耗氧量降低。石蛙生长发育与繁殖的适宜温度为20～32℃，最适温度为25～30℃。

石蛙受冻致死的临界温度为0℃，在水面结冰的情况下，因水中缺氧，造成窒息死亡。但如将冰敲碎，可能还会成活。水温超过35℃，石蛙烦躁不安，急剧挣扎、蹿游、跳跃，蛙体失去平衡，不久即致死。

蝌蚪耐寒性较强，在冰下洁净的水中可安全越冬。4℃时开始冬眠，5.8℃时冬眠结束，9℃时开始摄食。蝌蚪生长发育的最适水温为25～30℃。蝌蚪对高温的忍耐性较差，水温达35℃时，即出现不安、浮头，40℃时即死亡。

在冬季低温时，如将石蛙置于恒温暖房内过冬，将有利于石蛙的性腺发育，并能正常摄食，石蛙的产卵期可比常年提早半个月左右。

2. 湿度

蝌蚪像鱼一样用鳃呼吸，离开水就不能生活，即使短时间离开水体也会因此致死。幼蛙、成蛙多在水中或高湿度的岸边生活。幼蛙在干燥的空气中日晒30分钟即可致死。置于干燥空气中待20个小时也会干死。成蛙对干旱的忍耐力比幼蛙稍强些，但在50℃的干燥空气中超过3个小时也会很快致死。

3. 光照

光照对石蛙的热能代谢、行为和生活周期都有一定的影响。石蛙喜栖于温度、潮湿、食物较丰富的向阳生态环境，有利于生长发育与繁殖。

光照季节性变化影响性腺的活动。昼夜光照的变化同样影响石蛙促性腺激素的分泌，每天凌晨时分至上午是促性腺激素分泌的高峰期。因此，在繁殖季节，常可见到石蛙在黎明时开始抱对、产卵等活动，这可能与促性腺激素分泌的日循环变化有关。

光照季节性变化，通过感觉器官和神经体液系统而影响性腺的活动。若将石蛙长期饲养在黑夜条件下，则性腺成熟中断，或性活动受到抑制，以致停止产卵、排精。

石蛙喜阴暗，但趋向弱光，喜蓝色光线，昼伏夜出，阴雨天气活动频繁，它害怕强烈的阳光直射。

4. 水质

水质包括水中的溶氧量、pH 值（酸碱度）、盐度及微生物、浮游生物的含量等。

石蛙成体可进行肺呼吸，一般来说，水中溶氧量对其影响不大；但对卵的孵化，蝌蚪的成活、变态以及幼体的生长发育影响极大。笔者曾做过试验，蛙卵孵化，不用增氧机，卵的孵化率仅在 50% 左右，用了增氧机后，水体溶氧量达 5 毫克/升，卵的孵化率达到 85% 以上。

水的溶氧量与水温关系密切。水温高、气压低，水的溶氧量低；水温低、气压高，水的溶氧量高。如水温 20℃时，1 升水含 9.7 立方厘米氧气；而在 30℃时，减少至 5.4 立方厘米。夏季池塘藻类或微生物繁殖过多，常导致水中缺氧，如果蝌蚪养殖密度大，又管理不当，就会产生缺氧现象。各种规格的蝌蚪，对水中溶氧量的需求有所不同。一般来说，体长在 3 厘米以下的蝌蚪，要求水中溶氧量不低于 3.5 毫克/升，而体长在 3～4 厘米的蝌蚪，由于肺部的逐渐发育，蝌蚪能蹿出水面吸收空气中的氧气。因此，水中的溶氧量能保持 1.5 毫克/升就可以了。

水中溶氧量对石蛙不仅有直接影响，而且能产生间接影响，如水体具有良好的水质条件。水中氧气能促进好气性细菌对有机物的分解，加快水体内物质循环速度。不然，有机物分解缓慢，水体物质循环强度下降，甚至引起嫌气性细菌的滋生。这些细菌对有机物的分解将产生还原性的有机酸、氨、硫化氢等毒性物质，使石蛙抗病力降低。人工养殖条件下，可利用流水或使用增氧机等提高水的溶氧量。

5. 酸碱度（pH 值）

水体的水质合理性标志之一是 pH 值，pH 值由水溶液中氢离子数所决定。水溶液的 pH 值可在 0 ~ 14 之间变动。氢离子越多，pH 值越小，所以 pH 值小于 7 是酸性，pH 值大于 7 为碱性，pH 值等于 7 为中性。

水的酸碱度（pH 值）对石蛙会产生直接或间接的影响。碱性过高，破坏了石蛙体液的平衡，酸性水会妨碍石蛙的正常呼吸，使摄食强度下降，生长受到影响。碱性浓度过大的水体，会腐蚀蝌蚪的鳃组织和刺激石蛙的皮肤，蛙在水体中生活感到不适，严重时会引发滥皮病、眼球发白、红腿病等，乃至中毒死亡。

石蛙生活水体适宜的 pH 值为 6.0 ~ 8.2，最适 pH 值为 6.5 ~ 7.8。石蛙养殖的水质保持中性稍偏碱性较为安全，对蝌蚪和蛙的生长有利。

6. 盐度

水中常含有盐酸盐、硫酸盐、碳酸盐和硝酸盐等，盐度主要通过水的密度和渗透压而对石蛙产生影响。如果水中盐度高，石蛙体内液体和血液里盐度低，体内水分就会大量失去，造成死亡。因此，石蛙在高盐度的海水中是不能生存的。据试验，幼蛙和成蛙在 10 的盐度下就会大量失水致死。盐度对卵的孵化和蝌蚪的生活关系极大，用于卵的孵化和饲养的水，其盐度均不能超过 2，当盐度高达 3，会引起死亡。此外，施过化肥和农药的农田水，不能用作养蛙水。

7. 水体营养状态

适量的浮游动物可为蝌蚪及石蛙提供饵料，但过量的浮游生物、微生物和水草会导致水体溶氧量下降，影响受精卵的孵化、蝌蚪的发育、变态以及石蛙的活动。在水体富营养的状态下，尤其应做好石蛙病虫害的防治，并适当控制微生物及浮游生物的繁殖速度与数量。

第三章
石蛙养殖场地的选择与建造

石蛙养殖场地的选择，从节省投资、确保工程质量到投产后的实际经济效益等方面，都必须认真考虑，场地选择后要合理布局。

第一节　养殖场地的选择与布局

一、要适应石蛙的生活习性

养殖场应选择在水源充足、水质清新无污染，洪水不淹、旱天不干，僻静、温暖、潮湿、通风、凉爽的地方。池边陆地种植常绿树木遮阴，落叶可供蛙隐蔽冬眠。野生石蛙的栖息环境，概括起来有三大特点：一是“清”，即要有充足而清新的无污染的水环境；二是“凉”，即气候凉爽，水温适中，冬暖夏凉，即使在夏秋高温季节，水温一般不超过 30℃；三是“静”，就是要在环境幽静，远离工厂和人群密集的地方建场（彩照 12）。养殖场地形最好稍向东南方向倾斜，养殖池东西长，南北宽，以便接受更多的阳光照射，使地温、水温上升较快。夏季可受东南风的影响，能使水面波动，增加水中的溶解氧，这对石蛙尤其是蝌蚪的生长是很有利的。

石蛙养殖池可建立在室内或室外。室内要求通风、凉爽、光照充足，无阳光直射。如果是室外建池，夏天可搭凉棚，下面建蛙池，也可在养殖池周围种植些蔓藤作物、花草或树木，既能遮阴，又能招引昆虫供蛙捕食。另外，还可将养殖池建在野外自然饵料丰富的地方，利用丰富的野生生物资源如昆虫、浮游动植物、水生生物等，可降低饲养成本。

二、要具备优质的水源条件

石蛙是两栖动物，既能在水中游泳，又能在陆地上跳跃活动。蝌蚪像鱼类一样用鳃呼吸，离开水就不能生活。因此，水是建立养蛙场的首要条件，可以说没有水就没有蛙的生命活动。由于蛙（尤其是蝌蚪期）对水的要求比较严格，总体而言，养殖场附近一定要有充足、优质、无污染的水源。一般来说，人、畜能饮用的水，如泉水、溪水、库水（山塘水库）、地下水等，都可以用作养殖用水；而江河、湖水、池塘水等，由于水质混浊，有机质含量多，这类水都不适宜石蛙的生长和繁殖。但有的地下水，因钙、镁离子含量少，蛙类易患皮肤病；含氯自来水，易腐蚀蛙的皮肤，尤其会影响蝌蚪胚胎发育，石蛙能通过皮肤不断吸收水中较多的氯离子，逐渐引起慢性中毒死亡。我们连续两年试验，用自来水养蛙，结果都没有成功。因此，自来水绝不能用作养蛙水，以免造成不必要的经济损失。农田水多受化肥、农药污染，应禁止使用。

在石蛙养殖场建造前，首先要进行全面规划，分出早期、中期和远期的建设项目，建造的项目主要有：防逃与遮阴、供水与排水（彩照13）、各类养殖池的建造、活饵料饲养用房和管理人员用房建造及其他配套设施，如生活用电、交通、通信以及产供销等。

第二节　蛙池的建造

石蛙养殖池的建造要根据其不同生长发育阶段及繁殖特点来设计建造。蛙池有水泥池、三合土池均可使用，但高密度集约化养殖以水泥池为好，以方便循环用水和饲养管理。蛙池有长方形和圆形等几种。池内设置水、陆地、洞穴、水草和活动场等，为蛙创造一个模仿自然条件的良好生态环境。为防止暴雨期间高山洪水袭击蛙池，各类蛙池应建立在洪水线以上，同时在池边与坡脚之间开挖一条泄洪沟，以便及时排泄自高而下的地表径流。2008 年夏季一次山洪暴发，一夜之间将新建的浙江省宁海县岐蛟石蛙场的蛙池冲毁，石蛙全部冲散，损失惨重。另外，建造蛙池要统一规划，合理布局，蛙池要排列整齐，排灌方便，在每排蛙池之间需留有一定的通道，以利于操作管理。

根据石蛙的生产要求，一般建造两类蛙池，即繁殖用池和养殖用池两大类。繁殖用池包括种蛙池、产卵孵化池、蝌蚪池等。养殖用地可分为幼蛙池、成蛙池和观察池（隔离池）等。石蛙养殖的布局如图 3 – 1 所示。

一、产卵池

主要用于亲蛙产卵，有土池和水泥池两种，如果要进行人

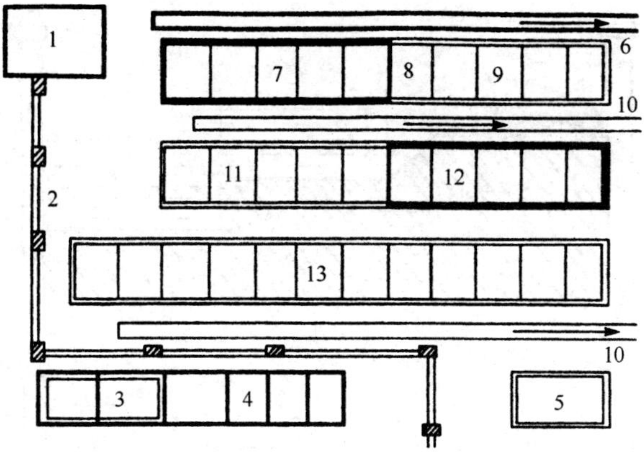

图 3－1　石蛙养殖水池布置示意

1. 贮水池；2. 围栏；3. 管理室；4. 活饵料培育室；5. 隔离治疗池；6. 排洪渠；7. 种蛙池；8. 孵化池；9. 产卵池；10. 排水沟；11. 蝌蚪池；12. 幼蛙池；13. 成蛙池

工催产繁殖，为避免人员下池活动造成水质混浊，影响孵化，最好采用水泥池产卵。若采用自然产卵繁殖，则使用土池还是比较合适的，产卵池的建筑规格要求与蛙养殖池相同，但不宜太长，一般以 10～15 平方米为宜，产卵池的陆地面积占全池面积的 1/3 左右，产卵池最好设 2～3 个，以供未发情、产卵的亲蛙抱对产卵、排精使用（图 3－2）。产卵池的水位较浅，浅水区面积明显大于种蛙池，水深为 15～20 厘米。池内种些水生植物，如马来眼子菜、聚合菜、水葫芦、茭白、慈姑等，以适应天然条件，并使蛙卵黏附在水生植物上，便于移入孵化。同时，产卵池的周围环境要安静，防止人为的响声和震动等干扰，因此，产卵池宜建在蛙场偏僻的地方。

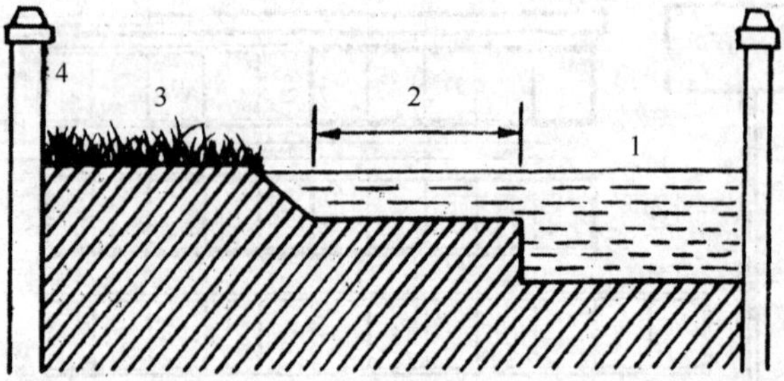

A. 二坡式

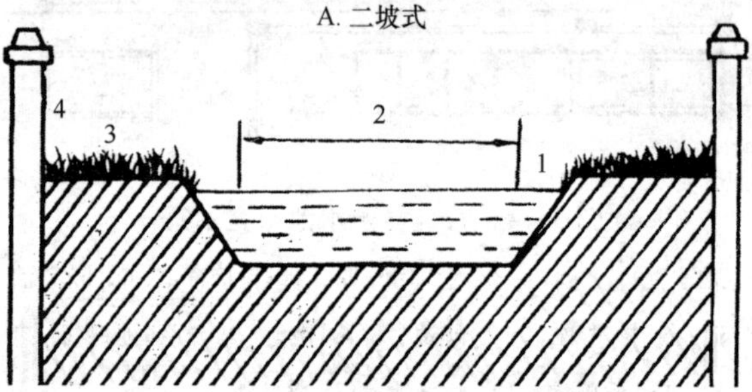

B. 池塘式

图 3－2　石蛙产卵池

1. 水面；2. 产卵适宜区；3. 陆地；4. 围墙

二、孵化池

用于受精卵孵化和培育早期蝌蚪的水池面积为 1～2 平方米，可连接数个池子，以便按不同产卵期分池孵化。池子用砖石水泥浆砌而成，或用相应大小的塑料桶代替，池壁高 0.60 米，水深为 0.15～0.40 米，要求池面光滑（最好用瓷砖贴面），不渗水，有一定坡度。水池两端应设进、排水口，进、排水口相对成直线，排水口用直径为 3 厘米的 PVC 塑料管，在其两端均安上一个同规格的塑料弯头与池底通出的水管相衔接，并套上过滤筛绢，防止蝌蚪流出或敌害侵入。孵化池近出口处稍凹陷，便于收集蝌蚪（图3－3）。若经常注水，每平方米池子，可孵化4 000粒左右受精卵。我们几年来的实践证明，用水泥池孵化蛙卵，可减少人为操作所引起的水质混浊，池水温度容易控制，敌害便于清除，因此，孵化率高。同时池面应放些消毒后的水草，如水葫芦、革命草等，供蝌蚪休憩。

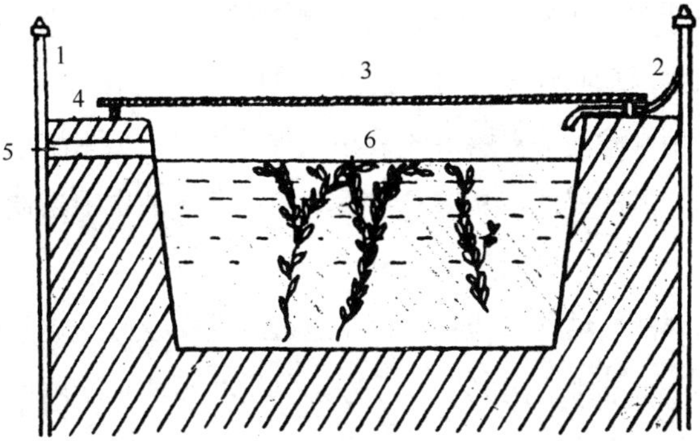

A. 梯形池

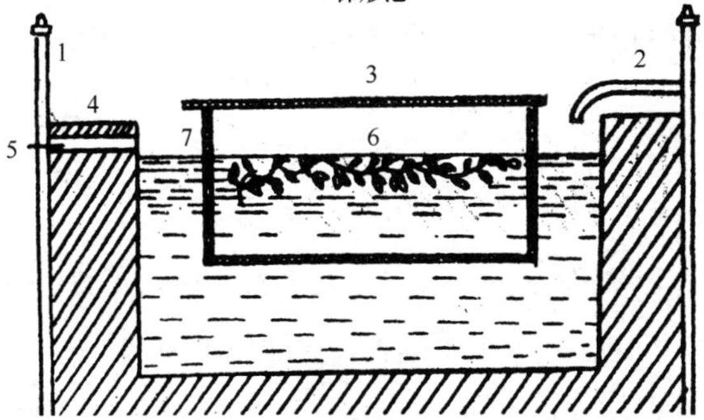

B. 方形池

图3－3　石蛙卵孵化池及孵化网箱

1. 围墙；2. 进水管；3. 纱网盖；4. 陆地；5. 出水口；
6. 水草；7. 孵化网箱

三、蝌蚪池

蝌蚪池用于培育蝌蚪，直至蝌蚪全部变态为幼蛙，蝌蚪池一般采用水泥池，面积为20～30平方米，水中适当放养水草，以供蝌蚪栖息，同时要设置进、排水口，用于调节水位和更换新水；池深为0.8～1.0米，水深控制在20～30厘米，便于蝌蚪在水中活动和呼吸；池底铺设部分卵石，以增加蝌蚪的栖息场所。用水泥池培养蝌蚪效果好，成活率高，因水泥池底部平坦坚硬，入池操作不易造成水质混浊，清洗消毒很方便，放养密度比土池高，成活率可达80%。

蝌蚪池的结构较为特殊，在池边或池中设有一定面积的陆地、陆岛，陆地、陆岛近水部分还可用砖石块和水泥板建造多个洞穴，便于刚变态的幼蛙栖息（图3－4）。蝌蚪池必须做好变态幼蛙的登陆工作，不然会导致幼蛙因不能登陆而造成大批死亡。

四、幼蛙池

刚变态的幼蛙，个体较小，抵抗敌害的能力差，因此，幼蛙应采用小面积的水泥池培育，这样便于捕捞、分类和清池，个体较大的幼蛙也可利用土池培育。幼蛙长至体重50克左右便可移入成蛙池养成商品蛙。

幼蛙池以长方形为好，池底坡度20∶1，以利于放水排污。面积以15～20平方米为宜，便于管理，池深为0.8～1.0米，由于幼蛙已能水陆两栖，因此，幼蛙池的水深宜浅一些，控制水深在15～20厘米即可，池中铺设大小鹅卵石，形成的石隙

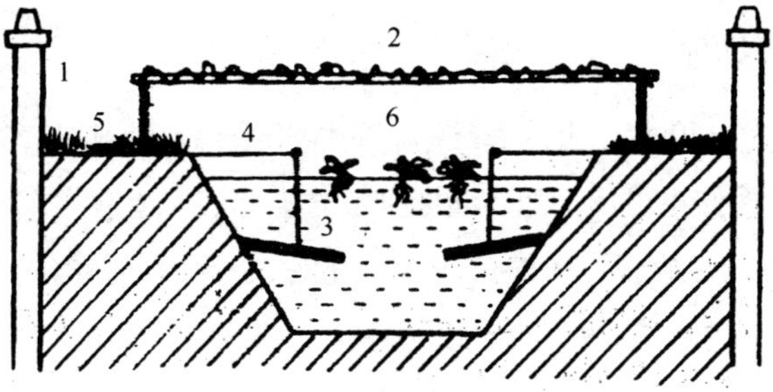

A. 梯形池

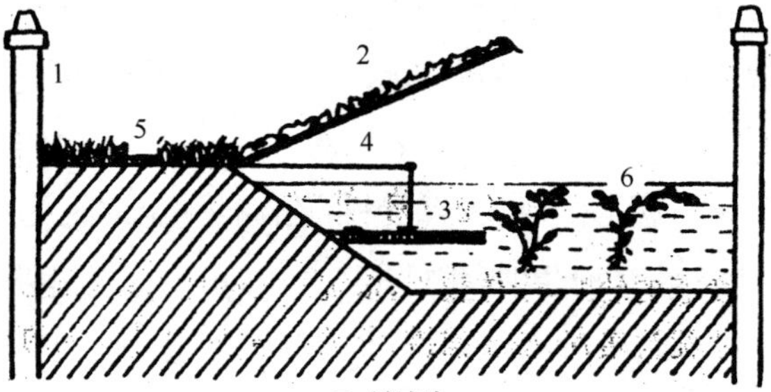

B. 斜坡池

图 3－4　石蛙蝌蚪池

1. 围墙；2. 遮阴棚；3. 饵料台；4. 固定架；5. 陆地；6. 水草

和垒叠露出水面部分可供幼蛙栖息。池边及池中构筑陆岛、陆岸及水沟，近水面用石块和水泥板等建造多个洞穴，也供幼蛙栖息。洞穴前的水面上设置一些水泥板或木板，作为幼蛙登陆的跳板和饵料台，板下架空，可供幼蛙休憩。水中栽培水生植物，以起到遮阴降温与净化水质的作用。一般幼蛙池宜建 3 ~4 个，以便在培育过程中，按大小分级养殖，防止大蛙吞食小蛙。

五、成蛙池

养殖150克以上的商品蛙。成蛙池结构与幼蛙池类似。可用水泥池，也可用土池。池形以长方形为好，面积一般为20～30平方米，池深为0.8～1.0米。池底坡度20∶1，略向排水口倾斜，以利于排污。池内设限水孔，孔离池底10～20厘米，用以调节水位高低，水面与陆地面积比为1∶2。蛙池设2个进水孔和1个排水孔。蛙池内细水长流，循环不息，使池水保持水质清新，溶氧充足，水温稳定，有利于蛙的健康生长。池中铺设鹅卵石，构筑陆岛、陆岸、水沟、穴洞；搭棚遮阴，池边栽种常绿灌木和水生植物，以起到防暑遮阴的作用，为蛙营造一个幽静、清凉的生态环境（图3－5）。

六、种蛙池

种蛙池宜建在安静、弱光处，池高为1.2米，面积为5～10平方米。池边石块建筑穴洞，并用水草隐蔽遮阴。池水深为15～20厘米，池水与陆地面积之比为3∶1，按雌雄1∶1的比例搭配，并在交配产卵之前，雌雄蛙分池养殖。亲蛙池的构筑和设施与成蛙相类似，但养殖密度应适当稀一点，通常以每平方米5只为宜，亲蛙池可兼作其他用途，如产卵、孵化等。

七、观察池

用于观察各类蝌蚪和蛙的病情变化与治疗情况。观察池应建于远离养殖场的较偏僻的地方，以免感染健康蛙。

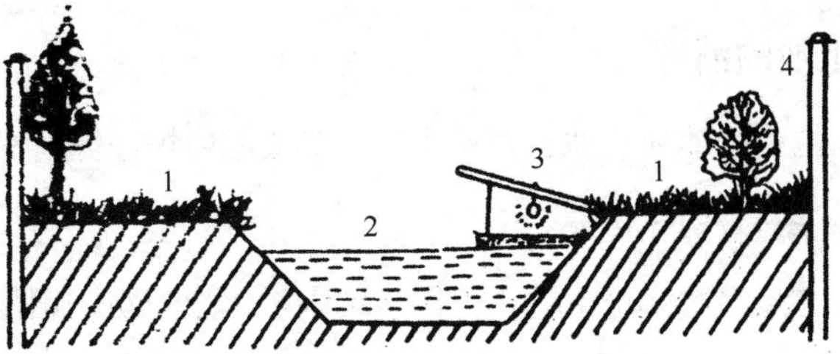

A. 池塘式

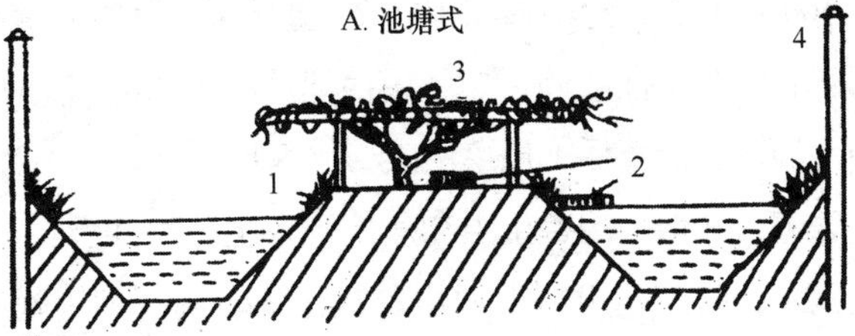

B. 中岛式

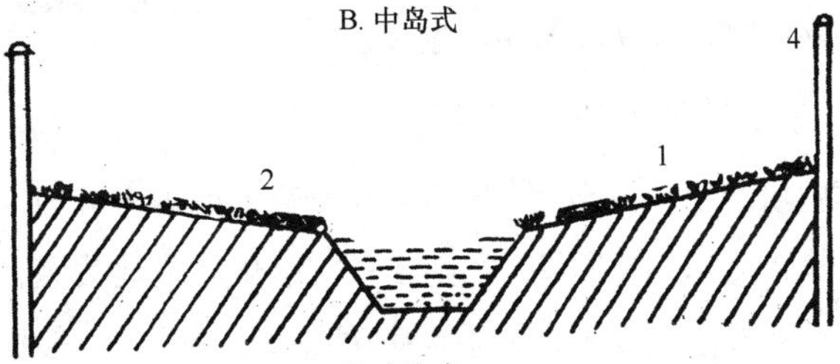

C. 水沟式

图 3－5　石蛙幼蛙、成蛙池

1. 陆地；2. 饵料台；3. 遮阴棚；4. 围墙

第三节　蛙池的消毒与脱碱

新建蛙池，不论是土池还是水泥池都不可立即使用，必须先进行严格消毒与脱碱后方可使用。

一、土池的消毒

无论是旧池或新池，都可用生石灰或漂白粉进行消毒。

1. 生石灰消毒法

先在池底挖几个小坑，再在小坑内放入生石灰，用量为每平方米 100 克左右，池中蓄水 10～20 厘米深，待石灰溶化后，用水瓢将石灰浆全池泼洒，然后用铁耙将石灰浆耙匀，使石灰浆与塘泥混合，清塘后 1 周可注入新水塘放养幼蛙。用生石灰清塘，既可杀死塘中的寄生虫和病菌等，还可改良水质，使池水呈微碱性，同时还可从淤泥中释放出氮、磷、钾等营养素，增加塘水肥度，促使浮游生物繁殖。

2. 漂白粉消毒法

漂白粉清塘，每亩①投放 5～10 千克，如带水清塘，水深为 1 米时，每亩用量为 20 千克左右，溶化后全池泼洒，漂白粉兑水后释放出次氯酸，可杀灭病菌和有害生物，一般清池后 3～5 天即可放养幼蛙。

二、水泥池的脱碱

新建水泥池在使用前要进行脱碱处理，目前常用的脱碱方法有以下四种。

1. 过磷酸钙法

按新建水泥池的水体积，加入 1 000 毫克/升的过磷酸钙，

---

① 亩为我国非法定计量单位，1 亩≈666.7 平方米，1 公顷 = 15 亩，以下同。

浸泡 1 ~2 天，即可脱碱。

2. 酸性磷酸钠法

按新建水池的蓄水量，加入 20 毫克/升的酸性磷酸钠，浸泡 2 天，即可脱碱。

3. 冰醋酸法

用 10% 的冰醋酸洗刷水泥池表面，然后将池水灌满，浸泡 1 周左右，可使碱性消除。

4. 薯类法

若小面积水池急需脱碱，可用甘薯（地瓜）、土豆（马铃薯）等薯类擦抹池壁，使淀粉浆黏在池表面，然后注满水浸泡 1 周，可起到脱碱作用。

经过以上脱碱法处理后的水泥池，可以用 pH 试纸进行测试，以了解水泥池的脱碱程度，水的 pH 值以 6.0 ~ 8.2 为宜。经过脱碱处理的水泥池必须用清水洗刷干净，然后灌水，放入几尾蝌蚪或幼蛙试水 1 天，证明确无不良反应时，便可放苗饲养。

第四章
石蛙的苗种生产

选择种蛙是搞好人工繁殖的基础。在冬眠之后、春繁之前就要对成蛙进行一次认真选种工作，同时种蛙运输工作也要从气温、运输路程及运输工具等诸多因素来考虑，引种数量少，运输路程短的，除夏季外其他季节都可进行。引种数量大，运输路程长的，宜在春季或冬季进行，因气温低，运输更安全。

第一节　亲蛙的选择

种蛙的优劣直接影响到繁殖效果，以及今后蝌蚪的发育变态和幼蛙的生长速度，因此，用于繁殖的亲蛙必须严格挑选。要求个体较大，体质健壮，肤色一致，发育良好，无病无伤，生长年龄 2 年以上，体重为 200 ~ 250 克的用作种蛙。具体来说，选择种蛙应注意以下几个方面。

一、要选择真种石蛙

要根据石蛙的外部形态特征、皮肤色彩等挑选真种石蛙。千万注意，不要误把其他蛙类挑选入伍。同时，要防止采购商品蛙作为种蛙。因这类蛙不经过人工驯养，一旦移入室内，因生活环境突变，即出现惊吓，乱窜乱跳，结果会碰撞致死。即使驯养成功，成活率也不高，特别是雌蛙的死亡率更高，几乎百分之百。对于个体较大的老龄蛙，虽然产卵量多，但质量较差，受精率不高，一般不宜选作种蛙。

二、要注意区别雌雄蛙

为了正确搭配雌雄的配种比例，必须搞清雌蛙和雄蛙，成年雌雄蛙的鉴别特征见表 4－1。

表 4－1　成年雌雄石蛙的鉴别

特征	雌	雄
体型	一般较小	较大
背部	有分散的圆疣	有许多窄长疣
胸部	无棘状棘突	有黑色棘突，用手摸有粗糙感
腹部	细嫩光滑，呈白色	粗糙，呈淡黄色
前肢	短小	粗壮发达
咽侧声囊孔	无	有

三、选择体质健壮的成年蛙

用作配种的石蛙，应达到 2 龄以上，要选择个体较大，体质健壮，皮肤光滑，发育良好，无伤残者，雌性体重为 200 克，雄性为 250 克，达到性腺成熟。雌雄配比为 1∶1。雄蛙要求体躯较大，前肢短粗，强壮有力，婚垫明显，胸部黑刺发达，鸣声洪亮，而雌蛙则要求体形丰满，腹部膨大柔软，卵巢轮廓隐约可见，用手摸富有弹性，如选择的种蛙来源于人工养殖，还要注意血缘关系，杜绝“近亲交配”，避免种质退化。

第二节 石蛙的繁殖

一、种蛙的培育

各种环境条件对种蛙的健康、繁殖影响极大。生存环境的好坏，直接影响着配种产卵，也间接影响受精率、孵化率和蝌蚪的成活率。种蛙池要求池水容量相对稳定，水深为 15 ~ 20 厘米，水质清新，pH 值为 6.5 ~ 7.0，无有害寄生虫。一般在采食旺季，每隔 2 ~ 3 天换水 1 次。

选留的种蛙在冬眠前应加强饲养，使之膘厚体壮，保证安全过冬。搞好种蛙的培育，除具备适宜的环境条件外，还必须保证有充足的饵料供应。棘胸蛙每年以 5—9 月份摄食量最大，发情期间食量减少，产卵后期食量增大。饵料投喂量为蛙体重的 5% ~ 7%，以采食后略有剩余为宜。每次投喂做到均衡，不要忽多忽少，饥饱不均。要依照具体情况，酌情增减投饵时间，一般在 18：00—19：00，每天投喂 1 次。

二、自然繁殖

石蛙冬眠后，卵泡迅速发育，在浙江省杭州地区，每年 4 月底气温 2℃以上时开始配种产卵，9 月份基本结束。种蛙一般在 21：00 至凌晨抱对，配种母蛙于 04：00—07：00 排卵，产出卵块通常黏附在石块、池壁、水草上，一般每次产卵 300 ~ 600 粒，极少数达到 1 000 粒以上。卵粒呈圆形，受精卵的动物极呈灰黑色，植物极呈浅黄色，未受精卵经 2 ~ 3 天后，动物极明显变为黄色，植物极呈白色，不透明。刚产出的卵在1个小时内尽量不要移动，以免卵块破碎，降低孵化率。在种蛙配种产卵时，要防止惊动或强光照射，否则将会影响配种、排卵和受精，因此，要人为营造一个光照弱、环境幽静、水质清新、水位稳定、适宜配种产卵的良好环境。一般产卵时间在凌晨较多，产出的卵块应在4个小时内用不锈钢的捞勺轻轻地将卵块捞起，移入孵化池内。未受精的卵块应及时捞出，以免影响水质。受精率一般可达90%以上。

在孵化前要对孵化池进行全面消毒1次，水深保持在10～15厘米，水中溶氧量在4毫克/升以上，光线以散射光偏阴为好，千万不能让阳光直射孵化池。

三、人工繁殖

雌蛙的怀卵量和成熟系数按个体大小而有所不同（表4－2）。1对卵巢在腹腔中左右分布，呈不规则块状，发育好的卵巢，几乎充满了整个腹腔。卵巢中一般具有大、中、小3种卵粒。

表4－2　不同体重的雌蛙怀卵量

项目	体重/克			
	100～149	150～199	200～249	250以上
体长/厘米	11.40	12.00	13.00	13.80
空壳重/克	100.00	118.00	139.50	169.00
卵巢重/克	10.80	16.30	28.10	37.40
绝对怀卵量/（粒·克$^{-1}$）	546.00	642.00	872.00	1 430.00
相对怀卵量/（粒·克$^{-1}$）	52.00	24.00	31.00	38.00
成熟系数/%	7.79	9.86	13.40	15.40

大、中型卵粒的动、植物极明显，而小型卵粒的动植物极不明显（表4－3）。

表4－3　大、中、小3种卵粒重量、卵径比较（平均值）

卵型	卵重/（克·粒$^{-1}$）	卵径/毫米	备注
大型	0.021	3～4	动、植物极明显
中型	0.015	2.5～3.0	动、植物极较明显
小型	0.011	1.5～2.0	动、植物极不明显

从表4－2中可以看出，卵巢重量、性腺成熟系数（平均值）均随个体重量而增加；但其相对怀卵量则在150～199克体重段出现最低值，而至200克以上时又逐渐回升。

在自然繁殖时，由于亲蛙性腺发育不一，亲蛙种群不能同步抱对产卵，且每次产卵量少，不能形成批量生产。而人工催产繁殖，就是在繁殖季节，对性成熟而又发情的亲蛙注射含有促性腺激素的药物，促使亲蛙性腺发育成熟。试验表明，人工催产繁殖比自然繁殖好。首先，亲蛙抱对产卵时间相对比较集中，一次可获得较大的受精卵；其次，普遍提高了亲蛙的产卵率和受精率，提高幅度达10%左右。

1. 人工催产的设备与器材

（1）苗房建造　苗房四周用砖砌水泥抹面，墙高为1.5米，顶高为3.0米，上盖白色玻璃钢瓦，以保持充足的光线，育苗室要用水泥铺地，以利于流水操作，建房面积按生产规模而定，一般每1平方米面积可生产2万尾小蝌蚪苗。

（2）育苗架　木质结构，高为70厘米，宽为40厘米，长度视苗房大小、形状而定。

（3）**育苗盘** 白色硬塑盘，规格为 39.5 厘米 ×57.5 厘米 ×11.5 厘米（内径）。

（4）**孵化筛** 自制木框架，内拉紧一张尼龙纱窗布（规格为 80 ~ 100 目/厘米^2），框架规格为 31.5 厘米 ×51.5 厘米 ×3.0 厘米。

（5）**自动控温电热棒** 控温范围为 16 ~ 32℃，每个育苗盘需配备 1 把。

（6）**授精皿** （圆形）直径为 5 厘米，或用搪瓷小碟子（白色）代替，直径为 8 厘米。

（7）**注射器** 注射用针为 6 ~ 7 号针头，以小针为宜，各备若干套。

（8）**镊子** 要求尖细、弹性强的不锈钢小镊子，长度不超过 15 厘米。

（9）**沉淀、蓄水两用池** 砖砌水泥结构，水容量为 1 ~ 2 吨。

（10）**其他** 温度表、吸管、拉污布、精液处理布、激素药品等。

2. 人工催产的药物

蛙类常用催产药物有绒毛膜促性腺激素（HCG）、促黄体生成素释放激素类似物（LRH - A）和蛙脑垂体。

催产药物的使用分为单一使用和混合使用。单一使用时，一般按每 1 000 克体重的雌蛙用绒毛膜促性腺激素 1 200 国际单位，或注射促黄体生长素释放激素类似物 25 ~ 30 微克，或 15 ~ 20 个蛙脑垂体。雄蛙的脑垂体催产效力比雌蛙的差。根据不同情况灵活掌握。若希望尽快产卵，则脑垂体用量应多些；

反之，则应少些。混合使用时，则采用6～8个脑垂体，并加LRH－A 25微克或HCG 600国际单位混合进行注射。一般混合注射效果比单一使用效果要好。由于雄蛙精巢内常年有成熟的精子，一般不需要注射激素，但为了使雌雄蛙同步抱对，可给雄蛙注射雌蛙一半的剂量。

3. 催产药物的稀释液

（1）任氏液的配制　氯化钠6.5克，氯化钾0.4克，氯化钙0.12克，碳酸氢钠0.2克，磷酸二氢钠0.01克，葡萄糖2克，蒸馏水加至1 000毫升。氯化钙先配成10%或20%的溶液后，再按需要量加入已制备好的生理盐水溶液中，以免产生不溶解的磷酸钙沉淀而使溶液混浊。葡萄糖可不用，因为加入葡萄糖的任氏液不能久贮。

（2）生理盐水的配制　取6～7克氯化钠，溶解在少量蒸馏水中，再加蒸馏水到1 000毫升，搅匀即可使用，所用蒸馏水要清新且pH值在7.2～7.8。

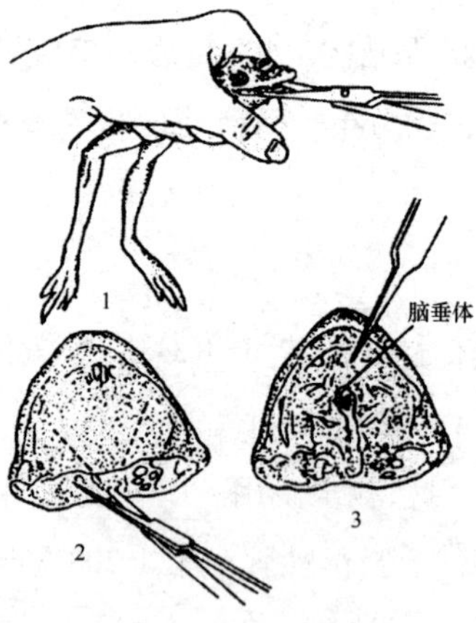

图4－1　蛙脑垂体摘取

1. 剪开嘴角；2. 剪开颅腔；3. 取出脑垂体

4. 蛙脑垂体的摘取及脑垂体混悬液的制作

（1）蛙脑垂体的摘取　脑垂体位于蛙脑的底部，隐藏于蝶骨的蝶鞍中，须认真细致方能取出完整的脑垂体，具体操作方法见图4－1所示。先用尖剪子从蛙颚骨插进嘴里，将嘴两边分别剪至鼓膜后面，再横着将蛙头剪下，随即把口腔上颚的皮肤翻起，用小剪子从枕骨大孔向眼窝前侧斜剪两刀。将斜剪成的三角骨片翻折。用镊子将骨片提起，即可在脑腹面视神经交叉后面见到有一堆白色的东西，其中有一粉红色、约半粒芝麻大的颗粒（有时黏附在翻起来的骨片上），这就是脑垂体（图4－2）。可用镊子小心地取下整个脑垂体备用，或放在冰箱（温度在4℃左右）保存，如果放在丙酮中，可保持1年以上。

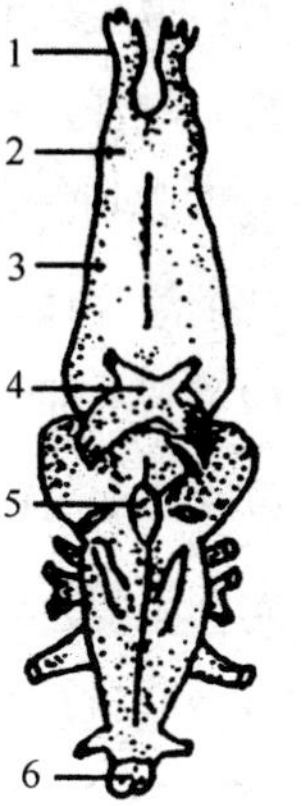

图4－2　蛙脑组织

1. 嗅叶；2. 前脑；3. 大脑；4. 视神经交叉；5. 脑垂体；6. 脊髓

（2）脑垂体混悬液的制作　将所需数量的脑垂体，放入盛有任氏液或生理盐水（0.7%）的玻璃皿中。先用注射器（不套针头）将脑垂体和水一起吸入注射器中，然后套上中号针头，把注射器内的脑垂体挤出，即可使脑垂体破碎。再换上口径更小的针头，把垂体碎片和水吸入后又挤出来，如此反复多次，就制成脑垂体混悬液，可供注射使用。采用这种方法制作脑垂体混悬液比较简便易行。如果需要量大，也可用组织匀浆器研磨。

5. 注射方法与部位

石蛙人工催产注射部位，主要在亲蛙臂部肌肉、腹腔和腹部皮下等部位。注射器必须经过严格消毒，注射用的针头以小号的为好，用注射器吸取注射液，然后进行皮下注射或腿部肌肉注射。腹腔注射难度较大，进针深度不要刺得很深，以免刺伤内脏。最好是针头从大腿腹面的肌肉刺入，再伸向腹腔，这样一般不会刺伤内脏，同时，在针头拔出后，药液也不至于从注射孔倒流至体外。

（1）腿部肌肉注射　用镊子夹住大腿背部内侧肌肉厚实处，以45°角入针0.6～0.8厘米，然后慢慢推针，毕后拔针时，要用手轻轻揉擦针尖入口处，以免药液溢出。由于大腿皮肤较容易愈合，不易引起感染。因此，采取这种注射法效果比较理想。

（2）腹部皮下注射　操作时须两人合作：一人捉住亲蛙，使其腹部朝上；另一人用镊子夹住腹部表皮向上轻提，另一手持注射器注射，针头朝向头部，与蛙腹面呈30°角进针，深度以不刺入腹部肌肉为宜。

（3）腹腔注射　一人捉住亲蛙使腹部朝上，另一人在腹部中线偏左或偏右1厘米处呈45°角斜插进针，以刚穿过腹部肌肉为宜，注意不能刺伤内脏。注射完毕用手捏住针孔处皮肤慢慢拔出针头，并轻轻揉搓针孔，以免药液溢出。

人工催产注射时间，通常选择在15：00—17：00进行。亲蛙注射后，要暂放桶中片刻，然后按雌雄比例1∶1投放到准备好的产卵池内让其自行发情产卵。当水温为18～22℃时，注射后14～18个小时，亲蛙便开始抱对产卵，这种情况与自然产卵的时间基本一致。但也有亲蛙由于性腺发育不一，因而药物反应时间有长有短，有的亲蛙注射后2～3天仍有抱对现象。出现这种异常是由于亲蛙性腺发育程度较差，卵粒在短时期内难以成熟产出。这类卵子即使产出，其受精率和孵化率往往都比较低，但这并不影响人工催产繁殖的总体效果。

亲蛙注射后经 48 个小时如不见抱对产卵，可用手挤压腹部，要是泄殖腔仍无卵粒流出，则需做第二次注射，但药物用量应酌情减少。

四、人工授精

经过人工催产的亲蛙均能抱对产卵，但也有少数种蛙因环境等因素的影响不能如期产卵，这时可采取人工授精的方法。人工授精首先要准备好精液，取一只性成熟的雄蛙，剖开腹腔，取出精巢。然后将巢放在滤纸上滚动，粘掉血液和其他结缔组织。放入培养皿中，每对精巢加入 10～15 毫升生理盐水（切忌用新鲜的含氯自来水或粘有油污的水），用镊子将精巢夹碎，精子便游至水中，与此同时，一人用右手抓住雌蛙前背部让腹部朝外，另一个人抓住后腿使其伸展，随即用左手由腹部的前方向泄殖腔轻轻移动挤压，将蛙卵挤入培养皿内的精液中。同时，轻轻摇动培养皿或用羽毛等柔软物体不断搅拌，使精卵充分接触，以利于受精。蛙卵刚受精时，有些动物极向上，有些植物极向上，有些是侧面向上，没有一定的规律。在水温 24℃时，一般受精后 10 分钟左右，绝大多数卵子的动物极翻正与否，可作为是否受精的标志。卵翻正后，应倾去精液，换入新鲜的清水，以提供充足的氧气，满足受精卵进一步发育的需要。浙江省宁海县石蛙养殖场过去在蛙孵化时，没有进行充氧，孵化率仅为 50% 左右。因此，2001 年在每个孵化箱内安装 1 台增氧机，使孵化率达到了 85% 以上。

五、人工孵化

1. 蛙卵采集

石蛙产卵期间，每天早晨要到池边检查产卵情况。通常天刚亮时，常有亲蛙产卵。受精卵经半小时，因卵膜吸水膨胀，黑色的动物极转向上面，灰白色的植物极朝下，使受精卵获得充足的氧气而顺利孵化。因此，产卵池中的卵块要及时取出，移入孵化池进行孵化。如果耽搁过久往往受高温的影响，卵膜会逐渐软化。采收时容易损伤蛙卵，或使蛙卵黏连成团沉入池底造成窒息死亡。但采卵时间也不宜过早，否则，会因蛙卵受精不充分，而影响受精率。一般应能自然转位，较轻的动物极转动朝上，较重的植物极转动朝下，这时水面上可以看到一片黑色的卵粒，正是采卵的好时间。

采卵时人站在水中，用剪刀将与蛙卵粘连在一起的水草剪断，用脸盆将卵块和水草轻轻捞起，并迅速移放到孵化池或其他孵化器中进行孵化。这样孵化出来的蝌蚪大小一致，便于同批出池放养。否则就会造成大小不一的蝌蚪混杂在一起，给分养工作带来困难，如果按个体大小进行分类放养，因小蝌蚪身体幼嫩，在操作过程中容易受伤而引起死亡。

在卵移养时，要轻捞轻放，防止碰破卵膜。一方面要受精卵的动物极向上，植物极在下，使之有利于孵化；另一方面要使捞入孵化池中的卵块呈单层均匀地平铺在水面上，切勿让卵粒粘连成团，否则会造成包在卵块中间的卵粒因缺氧而窒息死亡。

2. 孵化密度

蛙卵的孵化密度与孵化率密切相关。因卵的孵化会消耗水中大量氧气，卵外的胶质膜在孵化时的溶化也会消耗大量的氧气。根据吴蓓琦等人的试验，用水泥池孵化，孵化密度为每平方米6 000粒时，在整个孵化期间不需要换水，孵化率可达95%以上；如果增加到9 000粒，则必须视孵化情况进行换水，或者待孵化以后马上移出一部分，否则因密度大，刚孵化出来的小蝌蚪会因缺氧而窒息死亡。如果采取流水式孵化或增设充氧设备，则孵化密度可提高到每平方米10 000粒左右，水深保持在30～50厘米。

3. 孵化设备

孵化设备除孵化池以外，还可以用孵化网箱（图4－3）、孵化框（图4－4）、塑料盆或其他容器。孵化网箱可用每平方厘米40目的聚乙烯网片做成长为120厘米、宽为80厘米、高为50厘米的长方形箱体，将四角用绳子系住。固定在水中即可。孵化框可用厚1～2厘米的木板钉成高为40厘米的木框，框底也用每平方厘米40目的聚乙烯网片钉牢，将其四角吊在水中15～20厘米深处即可入卵孵化。

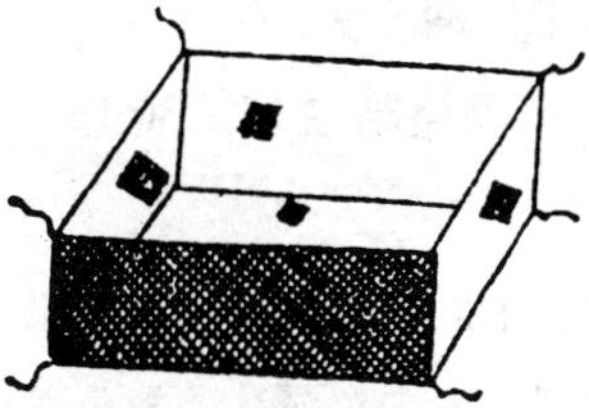

用绳子固定的孵化网箱

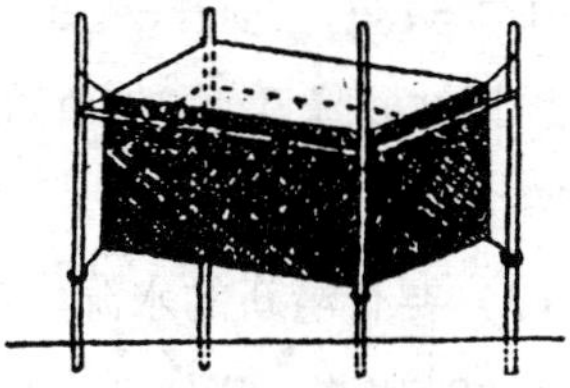

用立柱固定的孵化网箱

图4－3　孵化网箱

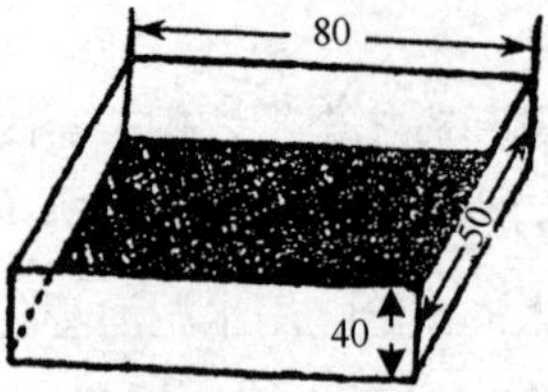

图 4－4　孵化框（单位：厘米）

4. 孵化管理

蛙卵孵化之前应检查其受精情况，如发现卵粒黑点油亮，胶质膜吸水膨胀，在其周围有一圈圆晕，则表明卵已受精；如果卵粒混浊与原来大小相似，则表明未受精。在确定卵已受精之后，在整个孵化过程中要掌握以下几个技术环节。

（1）要定时检测，做好记录　坚持每天早晚各巡池 1 次，其中主要检查水温、水质、光照、机械震动、卵粒孵化状况、敌害生物等，发现问题应及时处理。

（2）要控制水温、水量和水位　石蛙的胚胎发育与水温密切相关，适宜的孵化水温为 18～30℃，最适水温为 25～30℃。若水温高于 30℃，则要及时换水降温。换水方法：①将原池水排出 1/5～1/4，及时注入温度较低的清洁水；②加大入池的低温水，以达到降低水温的目的。水深控制在 25～30 厘米，受精卵在水面下 5～10 厘米。

（3）要有清新的水源　孵化用水要求清新、无污染，pH 值以 6～8 为宜。pH 值低于 6 或高于 8 均对孵化不利。溶氧量过低，会使胚胎发育畸形，甚至出现死亡。

（4）要避免强光照射　要防止阳光直射孵化池，以免曝晒使卵粒失水而干。因此，孵化池上应搭遮阴棚，使光照控制在适宜的程度。

（5）**要防止敌害生物** 水中的敌害生物包括野杂鱼、其他蛙类及蝌蚪、小型水生动物（枝角类、桡足类等）、水蛇、水老鼠、泥鳅及鸟类等。敌害生物对蛙类的孵化和刚孵出的蝌蚪危害极大，因此，要在池子进、排水口加设细纱网或在池面上加盖，以防止敌害生物侵袭。

（6）**要防止机械性震荡** 蛙卵受精后，其卵膜吸水膨胀，弹性减弱，如果水体受到震荡、搅动等，会造成胚胎内部结构移位，造成大量畸形胚胎，所以，在孵化期间要避免搅动卵块，使孵化池的水体保持稳定。

（7）**要及时清出死卵** 在蛙卵的孵化过程中，常会出现些未受精的卵或死卵，必须及时捞去，使池水保持清新，以免水霉菌感染健康卵。

第五章
石蛙的饲养管理

第一节 蝌蚪的培育与管理

一、蝌蚪的培育

刚孵化出膜的蝌蚪，个体小，体质嫩弱，对外界环境和敌害的抵抗能力差，其生活环境与鱼类相似，完全在水中生活(彩照14)，因此，要加强水质管理才能提高蝌蚪的成活率。

1. 蝌蚪的放养密度

决定于培养条件、饵料供给、蝌蚪大小和管理水平等条件。土池生态条件较差，水质易混浊，放养密度宜稀不宜密，放养密度过大会直接影响蝌蚪的生长与成活率。因为密度过大，投饵量相应增加，容易引起水质污染，造成水中溶氧大量减少，严重时蝌蚪因缺氧而死亡；同时还会造成大蝌蚪吃小蝌蚪的不良现象，使成活率极大降低。通常蝌蚪的放养密度为：20日龄蝌蚪每平方米放养350~500尾，或30日龄蝌蚪每平方米放养200～300尾，或80日龄至变态为幼蛙之前的蝌蚪每平方米放养100～150尾。水泥池管理和换水条件较好，水质清新，放养密度可比土池大1倍，也可以使用网箱进行培育（彩照15）。

同池放养的蝌蚪应是日龄大致相同，规格基本一致。防止大小蝌蚪混合饲养，否则会引起两极分化，甚至出现咬口现象，不利于蝌蚪的正常生长发育。

在有足够的饲养水面时，幼小蝌蚪的放养密度以稀为好。低密度养殖，除了有利于蝌蚪生长发育外，池内的天然浮游生物可为蝌蚪补充相当一部分食物。

在进行蝌蚪密度疏散时，幼小蝌蚪要用细眼网捞取，先在水桶里装水，捞出蝌蚪立即将网袋伸入水桶，让幼小蝌蚪离网入水。较大的蝌蚪倒入水桶。装入水桶内的蝌蚪不能久放，否则蝌蚪容易死亡。因此，疏散时要及时将蝌蚪放入池内饲养。

2. 早期蝌蚪的培育

刚孵化出的蝌蚪全长为0.6～1.0厘米，体形似鱼，大都侧卧于孵化池底部，也常利用自身的吸盘吸附在池壁或水草的枝叶上休憩，稍微惊动一下有些蝌蚪还会作短距离蹿游。水温在25℃以上时，出膜后3天的蝌蚪开始摄食和靠长尾（基边缘有发达的游泳膜）的摆动在水中游泳。因此，在池中投些水生植物，如水浮莲、水葫芦、金鱼藻、浮萍、杨树根等（约占水面的1/3）作为蝌蚪的附着体，使其不会沉入池底被泥沙覆盖致死。

刚脱膜的蝌蚪，游泳能力差，尚不能采食，主要吸收卵黄为营养来维持生命。因此，此时的蝌蚪不宜转池，不需投喂饵料，也不需要搅动水体，让蝌蚪休息。一般脱膜 5～6 天，其两鳃盖完全形成后才开始向外界采食，这时可投喂一些营养丰富、又易消化的蛋白质流汁饵料，如煮熟的鸡蛋黄（或薯类）捏碎拌水成浆，全池均匀泼洒。早晚各投喂 1 次。一般5 000尾蝌蚪投喂 1 个熟蛋黄即够。在投喂蛋黄浆的同时，可隔天投喂人工培养的绿藻、硅藻等浮游生物。蝌蚪开食后要及时投喂，否则饥饿时会互相吃咬。但投喂量应适宜，以免过多污染水质，20 日龄之后以投喂植物性饵料为主，如熟番茄、南瓜、米饭、豆浆、藻类、水生植物等。随着蝌蚪的长大，摄食能力的增强，转入蝌蚪池后，投喂的饵料由麸皮 50%、玉米粉（细米）40%、青菜 10% 组成。用水调匀至含水量为 70% 左右(用手捏成团不散开为度)，蒸熟放凉后，用水捏成小团，每池可投 5～10 团。一般 1 天投喂 1 次。如当天没有吃完，第二天一定要拣出，以免蝌蚪吃进变质饵料而患肠胃病。小蝌蚪经培育半个月以后，即可转入蝌蚪池饲养，进入蝌蚪的后期培育阶段。

3. 变态期蝌蚪的培育

蝌蚪从长出后肢芽到前肢伸出和尾部完全吸收，这段时期称为变态期。这段时间的蝌蚪不吃不动。但由于蝌蚪的变态是不同步的，即使是同一日龄的蝌蚪，早变态的已长出四肢，而迟变态的仍是长尾一条。因此，就整体而言，还是要继续投喂，只是投喂量要逐渐减少，直至全部变态成幼蛙。在蝌蚪变态期间，它的身体结构发生很大转变，由鳃呼吸变成肺呼吸，口开始裂开张大，体内各系统不断变化，初步适应陆地生活。即由水生过渡到水陆两栖。因此，在池内既要有浅水，又要有湿润的沙质陆地（水陆比为4∶1）。同时要放些水草或木板之类的漂浮物，使变态时的蝌蚪停在上面，露出水面呼吸和休息，而不能让其长时间潜在水中，并尽可能地防止惊动，使其有个安全的环境变态成幼蛙。

石蛙蝌蚪的变态受温度、饵料营养以及放养密度等因素的影响。一般在上半年产卵孵化的蝌蚪，尽可能加强喂养提高温度，多投喂动物性蛋白饵料，进行强化培育，使其当年变态成幼蛙，以免入冬之前因幼蛙吃不到足够的饵料，体弱瘦小，难以越冬。如果是下半年孵化的蝌蚪，要适当增加放养密度，降低温度，控制饵料投喂量，多投喂植物性饵料，使其只长个体，延缓变态，尽量让其以蝌蚪的形态越冬，使其到来年变态成幼蛙，因为蝌蚪的耐寒能力比幼蛙强（只要有不结冰的水即能生存），这样比较安全。而且下半年变态的幼蛙个体较小，生长速度较慢，对环境的适应能力低，尤其对寒冷的抵抗能力差，成活率低；而到来年变态的幼蛙，个体较大，生长速度也较快，成活率高。如果有日光温室，能采取保温措施，则可照常喂养。

蝌蚪变态是其一生中最脆弱的时期，稍不注意便会造成很大的损失。因此，要加强变态期饲养管理，保持水质清新，细水长流，环境安静，定期投喂优质饵料，并在饵料中适当加酵母粉和穿心莲粉等，可有效地预防疾病的发生。另外，还要为蝌蚪变态创造登陆条件，如在池内投放木板和泡沫塑料等漂浮物，供刚变态的幼蛙作登陆的跳板，并及时将刚变态的幼蛙转移到幼蛙池养殖。据报道，蝌蚪的变态受体内甲状腺素的影响，投喂甲状腺素含量高的饵料可加快蝌蚪的变态过程。因动物性饵料甲状腺素的含量高于植物性饵料，因此在蝌蚪的变态时间，将水温控制在24℃以下，多投喂植物性饵料并适当稀养，可延迟蝌蚪的变态。相反，加大动物性饵料投喂（占60%以上），水温控制在24～27℃，并加大放养密度，可加速蝌蚪的变态过程。

4. 合理投喂饵料

投饵是蝌蚪培育过程中非常重要的生产环节。投饵不足，使蝌蚪处于饥饿状态，必然妨碍其生长发育，而且蝌蚪有饥饿暴食的习性，往往发生相互咬伤现象；投饵过量，既造成浪费饵料，又因残饵过多，污染水质，容易得病。因此，投饵一定要坚持“四定”投饵法。

（1）定质 要求投喂的饵料新鲜，清洁适口，切忌投喂腐败变质的饵料，鲜饵在投喂前要洗净消毒。

（2）定位 为便于清理残饵和保持水环境清洁，水池应设置食台，做到定位投放饵料。同时，要注意，不要把饵料投到池底软泥处，以免污染底质，影响蝌蚪生活。

（3）定时 要求日投喂2次，即清晨和傍晚各投喂1次，但若投喂配合饲料每天应不少于5次。

（4）定量 根据蝌蚪的体长、摄食情况、天气变化、水温、水质，以及投饵品种等具体情况，投喂一定数量的饵料。一般情况下，每天的投饵量应控制在蝌蚪总重量的1%～3%。水温高时，适当多投；水温低时，减少投喂。同时，要注意每日的投饵量切勿时多时少，以免蝌蚪饥饱失常，影响正常生长。

随着外界气温和水温的下降，蝌蚪的生活和摄食量会逐渐减少。当水温降至10℃以下时，蝌蚪基本停止觅食，处于半冬眠状态；当水温回升至15℃左右时，又开始活动、觅食，这时，应投喂饵料，以增强其御寒能力（表5－1）。

表5－1　蝌蚪日投喂量（供参考）

生育期	日投饵量与体重比/%
稚蝌蚪	2
小蝌蚪	6
中蝌蚪	10
大蝌蚪	0.6
变态期（长出后肢）	0.7

5. 蝌蚪的冬眠

蝌蚪的越冬与水温密切相关。据观察，当水温降至8～9℃时，蝌蚪即趋于休眠状态，不吃不动，潜伏水底或水草丛中冬眠；当水温回升到10℃以上时苏醒。蝌蚪的冬眠是极不稳定的，在整个越冬期间，只要天气晴朗，水温上升，就又会浮上水面慢慢游动，但只要天气转冷，水温降低时会沉到水底冬眠。

蝌蚪池水深保持在0.8～1.0米，并采用长流水，采用在池顶加盖等保温措施，就能安全越冬。如果遇到天气寒冷，水面结冰，就应将冰层敲破，以免造成池中缺氧，致使蝌蚪窒息死亡，蝌蚪的御寒能力较强，故越冬成活率较高，一般能达到90%以上。据吴蓓琦等人的试验报告称：全长4厘米以上的蝌蚪，越冬成活率可以达95%以上；4厘米以下的蝌蚪，越冬成活率为60%～70%；前肢伸出、尾部尚未吸收完毕的蝌蚪，成活率只有50%左右。越冬池中应放些瓦片、瓦筒和水生植物，以供蝌蚪藏匿，越冬期放养密度可适当加大，大约为平时放养密度的1倍。

正处于变态阶段、已长出后肢或四肢的蝌蚪，耐寒能力较差，应加倍护理，最好能在池上搭棚，或转入塑料棚内培育，使其顺利越冬，减少损失。当水温升到15℃时，蝌蚪活动加强，此时应适当投喂高蛋白、高脂肪和高能量的饵料，进行强化培育，以增强其体质。越冬期间保持环境安静，防御敌害和水质变坏。

二、蝌蚪的管理

不论是早期、中期还是后期蝌蚪，其日常管理工作基本相同，主要是抓好控制水温、调节水质、合理投饵和清除敌害等工作。

1. 定期巡池、做好记录

每天早晨与傍晚必须巡视蝌蚪池，及时记录气温、水温、水质和蝌蚪生活状况（如有无浮头现象、饵料剩余情况等），发现问题及时处理，尤其要注意刚孵出的蝌蚪及变态高峰期的蝌蚪，因为这段时期是蝌蚪最危险的阶段，稍不小心会造成死亡。因此，要精心管理，保持水质新鲜，定时投喂，并在饵料中添加少量的酵母粉和穿心莲粉等，可起到防病作用。

2. 合理调控池水温度与水位

蝌蚪对池水温度较为敏感。当水温高于28℃时，蝌蚪的活动能力开始减弱，食欲减少，生长受到抑制；若水温超过32℃

时，将影响蝌蚪的正常生长。因此在夏季高温时期要适当提高蛙池水深；如露池则水深应达到 80 厘米左右，池水太浅，水温容易升高，会给蝌蚪带来伤害。目前在生产上，因高温烫死蝌蚪的情况屡见不鲜。

池水的温度与深度，两者密切相关，相互影响。夏季气温高，如池水太浅，则水温急速攀升；反之则降低；冬季气温低，若池水太浅，则水温会降至冰点；因此，要根据季节变化，不断调控池水深度，尽量使水温调整到合适的范围内。

蛙池的蓄水深度，直接关系到蝌蚪和幼蛙的生长和生命安全。蛙池水位的调控，一般掌握春、秋浅，夏、冬深的原则，因地制宜，灵活掌握。春季气候温暖，池水不宜太深，否则水温低，就会影响天然浮游生物的繁殖，对蝌蚪生长不利。为避免高温给蝌蚪带来危害，要求在蛙池内放养些水葫芦、绿萍、金鱼藻等水草；同时，在池边栽些丝瓜、南瓜等蔓藤作物，以起到遮阳避日的作用。为蝌蚪创造一个清凉、舒适、宁静的生态环境（表 5－2）。

表 5－2　蝌蚪池的水位（供参考）（单位：厘米）

季节	室内池	露天池	备注
春（1—3 月）	30～40	40～50	
夏（4—6 月）	50～60	80～90	气温 38℃以上，水深可达 100 厘米
秋（7—9 月）	40～50	70～80	
冬（10—12 月）	50～60	60～70	

3. 控制水质

水质好坏对蝌蚪的生长发育影响颇大。培育蝌蚪的水质尽量做到“肥、活、嫩、爽”，透明度在50厘米左右，水质清新，无污染，溶氧量应高于3~5毫克/升，盐度低于1%，pH值为6~7。一般来说，只要水体无毒，无工业污染，培育水质注意合理施肥，经常更换新水，适量投喂饵料，并定期清除蝌蚪粪便、残饵和控制水中浮游生物的数量，这样的水质均适合蝌蚪的生长发育。如水中酸碱度不适中，则可用石灰水、碳酸或醋酸等化学药物加以中和；如发现蝌蚪浮头现象较多，则需要添加新水或让水循环流动，来增加水中溶氧量。

水质的肥与瘦可直接影响蝌蚪的生长与变态，水质肥则容易污染，既消耗水中溶氧，又由于有机物厌氧发酵产生硫化氢和甲烷等有害气体，使蝌蚪受到伤害甚至死亡。一般判断水质的好坏可用肉眼观察水的色度来估测（表5-3）。

表5-3 水质度的判断

水质	水色	浮游生物	现象及原因
坏水	蓝色、灰褐色、灰黄色或橙色、黄色	蓝藻密度较大	水质过浓、混浊 池边有悬浮泡沫
	淡红色	浮游生物较多，植物较少	溶氧量较小，水体呈缕团状
	灰白色或黑褐色	浮游生物出现死亡，植物以隐藻为主，蓝藻、裸藻类次之	腐殖质过多，水质恶化；施有机肥太多或水质老化
好水	草绿色或黄绿色	以裸藻、衣藻、扁藻、硅藻为主，绿藻次之	水质清爽或有同色浮膜，施肥适度
	浅灰色、青褐色	起初植物较少，当细菌大量繁殖后又能增加，水中浮游动物数量均衡	有机肥用量适度，水质清新，腐殖质较多
	茶褐色	以硅藻、隐藻为主，甲藻、蓝藻、褐藻次之	施用高效有机肥适量，水中腐殖质较多

一般水质清水层为30厘米左右，则表明水质肥度适中，生物饵料丰富，如果发现水体变质恶化，则要及时换水，换水量通常为1/4～1/2，不宜过多，防止温差过大。

4. 池水消毒

要保持池水清洁，特别是高温期尤要注意这一点，水体要求3～5天消毒1次，食物残渣、粪便及时清除，发现死亡蝌蚪应随时捞出。一般水体消毒用的药物有二氧化氯或高锰酸钾，用量和用法按产品说明书即可。

5. 扩池养殖

刚孵出的蝌蚪因幼小嫩弱，不宜搬运，应在孵化池中培育10天后，再视密度状况维持培育，再经1个月左右的培育，蝌蚪个体差异增大，应适时扩池养殖。

合理的放养密度有利于蝌蚪的生长发育。从孵化出至10日龄的蝌蚪，每平方米放养1 000～2 000尾；10～20日龄的蝌蚪，放养密度以100～300尾为宜。当蝌蚪由一个养殖池扩大到另一个池中养殖时，应注意不要引起生态条件的突变，以免发生疾病造成损失，水温差不要超过1～2℃。环境条件的变化，宜在可忍受的范围内逐渐改变。尤其是在密集状态经长途运输的蝌蚪，刚投入养殖池时更要注意这一点。

6. 及时处理蝌蚪严重浮头现象

蝌蚪如长久在水面漂浮露头，或处于不活动状态，则为缺氧所引起。

水温较高时，黎明前后蝌蚪一般在水面上浮头，说明水中溶氧量不足，如日出后不再浮头则说明为轻度浮头，问题不大，但如天气闷热，蝌蚪在前半夜甚至傍晚就出现浮头现象，这表明水中非常缺氧，水质恶化，必须立即换水或开增氧机进行增氧，或撒施漂白粉（使池水达到1毫克/升的浓度），以杀死水中过多的浮游生物，遇到这种情况如不及时采取抢救措施，可能导致蝌蚪大批死亡，甚至“全军”覆没。

第二节　幼蛙的饲养与管理

蝌蚪饲养70天变态完毕，长出四肢，成为幼蛙（彩照16，彩照17）。由水生变水陆两栖。刚变态的幼蛙个体很小，体长为1厘米左右，重约为2克，体小力弱，对外界环境的适应能力很差，摄食能力也较弱。所以，要精心饲养，加强管理，以提高幼蛙阶段的养殖成活率。幼蛙阶段是决定养殖成败的一个重要环节，对养殖全过程起到关键作用。

一、幼蛙的饲养

1. 捕捉与分级

刚变态的幼蛙不宜急于捕捉转池，应留在原池喂养一段时间，待体长到1.5厘米后，再捕捉转池。幼蛙留养期间，即可投喂细小的活饵料，如黄粉虫、水蚯蚓及蝇蛆等都是适合的开口饵料。

幼蛙转池之前，应先对养殖池进行消毒处理（详见第三章蛙池的消毒与脱碱部分），以杀灭生物敌害和病菌，待毒性消失后，再放入幼蛙。在投放幼蛙前，要用3%的食盐水对蛙浸浴5分钟，以消灭附生在蛙体上的病菌和寄生虫。同时，投放的幼蛙应是健康无病的，同池幼蛙规格要求基本一致。

捕捉幼蛙宜在阴天、气温低时进行，这样可减少蛙的死亡率。通常捕捉幼蛙的方法有两种：一是排干池水，将未变态的蝌蚪赶至近出水口低凹处，然后搬移池中的石块和水泥板等障碍物，即可进行捕捉；二是选择在无月亮的黑夜，用手电筒强光照射捕捉。因幼蛙在强光刺激下伏地不动，故容易捕捉，蛙体也不会受伤，故成活率较高。在捕捉转池前 1 ~ 2 天，停止投喂饵料，以免捕捉时对幼蛙造成伤害。

由于捕捉上来的幼蛙个体大小不一，若同池一起放养，必然出现大蛙吞食小蛙的弱肉强食现象。为此，必须将捕捉上来的幼蛙进行一次分级处理。分级的工具是根据蛙在水中久留必定会上蹿的特性制作成的分蛙器。分蛙器由木框和水箱组成，其规格可根据分蛙数量而定。其做法是：用 2 厘米厚、12 厘米宽的木板，钉成长宽与水箱内边大小一致的木框，一般做 4 ~ 7 个木框，每个框底钉上橡胶片或稍厚的塑料布，上面分别钻有圆孔。几个框底分别钻着几种规格不同的圆孔（圆孔直径为 1.10 厘米、1.25 厘米、1.80 厘米、2.20 厘米、2.50 厘米、2.60 厘米、3.00 厘米）（图 5 – 1）。水箱用 4 毫米厚的钢板，焊成内长为 100.5 厘米、内宽为 80.5 厘米、高为 85.0 厘米的水箱，且不漏水。箱壁最下方焊一个直径为 5 厘米

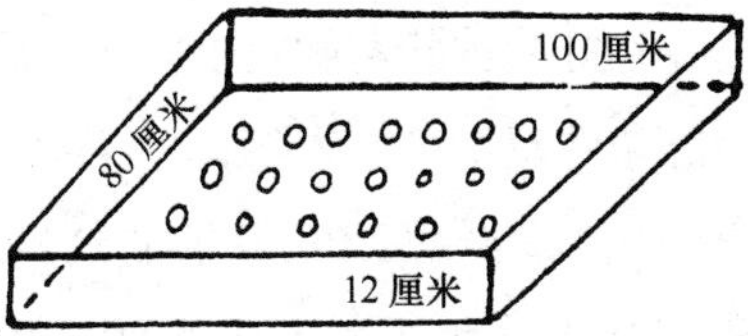

图 5 – 1　分蛙框套

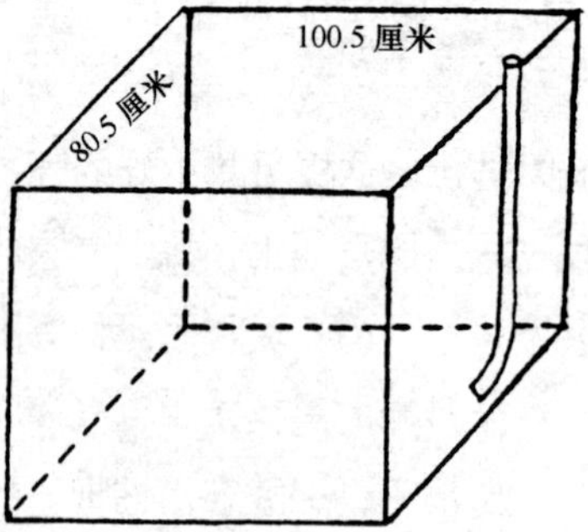

图 5－2　分蛙水箱

的管道向箱外，箱内包套网片。箱外管口套上橡皮管（用于排水或控制水位）。距箱底 20 厘米高处的视角各向箱内焊凸出 2 厘米的衬柱，用以撑住分蛙框（图5－2）。分蛙时，水箱放水 10～15 厘米深，把蛙放入箱中，把大洞孔的框套放在下层，向上每层都小一个规格，每次可套 4～5 个分蛙框，大孔分蛙框置下，小孔分蛙框置上，逐层叠放，装好后迅速将水箱注满水，使蛙因缺氧而逐个上蹿，经 5～10 分钟分类完毕，立即排水逐层取蛙。但分蛙时间不宜过长，否则，会将蛙淹死，水温 30℃时浸水时间不得超过 10 分钟。

2. 放养密度

幼蛙的放养密度应根据蛙的规格大小、饲养条件、养殖池生态条件及饲养技术等因素来确定。通常 15 日龄的幼蛙每平方米放养 150 只，30 日龄的幼蛙每平方米放养 100～120 只，60 日龄的蛙每平方米放养 80～100 只，90 日龄以后的蛙每平方米放养 60～80 只，但由于放养密度较大，饲养一段时间后，要根据蛙体大小进行分级养殖，重新调整放养密度，否则，往往出现大小不一的现象，这时如果饵料不足，就会出现大吃小的现象。如幼蛙长到 25～50 克时，每平方米调整到 60～80 只；长到 100 克时，每平方米调整到 30～40 只；长到 150 克时，每平方米调整到20～30只。如果采用水泥池养殖幼蛙，由于水质好，饲养管理方便，所以其放养密度可比土池增加1～2倍。如果饲养得当，幼蛙经10～12个月养殖，就可以达到商品蛙的规格上市。

3. 合理投饵

刚变态的幼蛙体轻、虚弱，抵抗力、消化力都比较差，体重约为变态好的一半，所以前10天的饲养管理至关重要。饲喂以小蝇蛆为主，每2天投喂1次，10天后投以粗大的蝇蛆或小蚯蚓，30天后可饲喂蚯蚓，60天后可投喂粗大的蚯蚓。每天投饵应掌握定时、定量、定点的原则。投料注意将活蚯蚓投放在池内采食台上，不要投入水中，以免污染水质。每天傍晚投喂1次即可，投饵量按体重的3%～5%计算，而且要严格控制投饵量，以当天吃完为度，饵料要投在固定的食台上，由于幼蛙活动范围小，食台宜设在离蛙穴的近水处。如有条件可以在水面上装诱蛾作为蛙饵。由于幼蛙具有昼伏夜出的习性，因此白天不宜投喂，以免造成饵料浪费。饵料要求品种多样、质量新鲜、营养全面、用量充足，以确保幼蛙体质健壮，生长迅速，减少疾病的发生。

二、幼蛙的管理

1. 水温与水质的调节

幼蛙喜凉怕热，水温适宜（16～26℃）时活动正常。水温高至30℃时，会出现食欲减退，身体衰竭；当水温继续升高，会出现夏眠；至32℃时，会造成死亡。因此，在盛夏季节要采取降温措施，池上搭棚遮阴。池中放养水葫芦等水生植物，以降低水温。夏天要每天加换新水，最好采用微流水饲养，既可降低水温，又可保持水质清新。

2. 日常的管理

注意保持池周安静，光线阴暗。白天采取避光遮阴，弱光饲养。蛙池水陆比为3:1。池内铺3~5厘米厚的卵石，筑有石穴，池水pH值为6.5~7.0，每天换水1次。幼蛙池水深一般以15~20厘米为宜。禁用含氯自来水，换水根据水温、水质变化而定，水温为20~26℃时，每天换水1次，超过此水温时，应采取活水饲养，以使池水保持低温、清新。饵料台及生产工具应定时消毒，特别在高温季节，幼蛙活动采食旺季，更应做好水的消毒工作，以防疾病发生。平时要加强巡查，清除残饵，捞出病蛙、死蛙和腐烂物质，防止水质变坏。同时，要加强预防措施，每月用硫酸铜、硫酸亚铁合剂（5∶2）0.3克/升的溶液全池泼洒，12个小时后大规模换水，隔天后重复1次。以杀死寄生虫和病菌。

3. 放养密度的调整

幼蛙应采取分级饲养，适宜放养密度一般掌握在每平方米100~300只，由于石蛙在幼蛙阶段个体之间生长速度差别较大，因此经过一段时间后，就会出现个体大小不一现象。如不及时进行分级饲养，往往会发生同类相残，严重影响幼蛙成活率。幼蛙通常饲养2个月就得进行1次调整。即按大、中、小三级分池养殖，直至养到体重50克以上，便可转入成蛙池养殖。

4. 驯食方法

石蛙只吃活食，不食死饵。要改变这种习性，就得从幼蛙开始进行驯食。通常幼蛙长到30克左右开始驯食，效果较好。驯食的方法有以活促动法、水带动法、食台振动法和直接投喂法等多种。其中以活（活饵）促（死饵）动法效果较佳。

以活促动法的具体做法是：以活的小动物，如黄粉虫、蝇蛆和蚯蚓等，将其拌入死饵中，当活饵蠕动时死饵也随之而动，使幼蛙误以为活饵而扑食。活饵根据生活习性，大致可分为两类：一类是陆生的，如黄粉虫、蝇蛆、蚯蚓等，投喂时，应投放在干的食台上，被促动的死饵可采用碎螺肉、蚌肉、鱼肉或人工配制的颗粒饲料等；另一类是水生的，如泥鳅、小鱼和小虾等，此类活饵料则可放在浅水的网框食台内，让其游动，以促动浮水饵料摆动，吸引幼蛙扑食。幼蛙先是几只领头扑食，几天后，就能带动群蛙争食，效果颇佳。

石蛙的驯食是一个循序渐进的过程，需要耐心与时间，应持之以恒，不能半途而废。

在驯食期间，周围的环境要保持安静，无异常噪声干扰。因为任何不稳定因素都会分散幼蛙的觅食注意力，影响驯食效果。同时，驯食场地尽量不搞灯火诱虫，因为一旦有昆虫进入，幼蛙便会直扑昆虫而不食死饵。另外，所用的死饵一定要质好适口，大小适宜，软硬适中，且带有鱼腥味，这样驯食的效果会更好。

驯食最好是在水泥池或硬底池中进行，可减少死饵陷入泥中，造成不必要的浪费。

在投饵过程中，若发现幼蛙迁入新环境后长期不摄食，应检查原因，如果是由于病虫害或嘈杂环境不适应所引起，则要采取强迫进食法矫正，即捉住幼蛙，扒开上下颌，将饵料塞进蛙口，使其咽下，当其尝到饵料滋味后，即可自动觅食。

要注意：在投饵中，不要把其他的蛙充作饵料，否则将会导致幼蛙之间同类相残。

5. 越冬期的管理

冬季寒冷时幼蛙都蛰伏起来，不吃不动，双眼紧闭，对外界没有反应，进行冬眠。根据观察，一般在霜降后开始冬眠（水温降至10℃左右），惊蛰前后（水温在15℃以上）陆续苏醒，整个冬眠时间为100天左右。冬眠的幼蛙常潜伏于离冻层30～40厘米处潮湿的山溪深水潭内或树根空隙处越冬。根据这一习性，入冬前可人为地给幼蛙提供一个良好的越冬环境，使其顺利过冬。

（1）越冬方式　①洞穴越冬。在蛙池四周挖掘松土，并在向阳避风处，离水面20厘米的地方挖几个直径约为13厘米、深约为1米的洞穴。洞穴要保持湿润，略高于水面，但不能让池水淹没。幼蛙在入冬后会自动钻入洞内越冬。

②塑料棚越冬。在原幼蛙池离水面30厘米高处，覆盖塑料薄膜保护幼蛙越冬。也可在池上方用竹木或钢筋，搭成拱形或“人”字形的棚架。棚顶距地面约为2米，上盖2层塑料薄膜，与池边连接成一密封的保温罩，棚架四周的地脚薄膜用泥土压实，薄膜上再盖1层大眼网片，以防大风把薄膜掀起吹走。如棚外气温降至0℃以下时，薄膜上可覆盖1层稻草帘，晴天则掀开草帘让阳光照射，使池温保持在10℃以上，晚上封盖。幼蛙冬眠一般不需要喂饵。气温回升，蛙会出来活动觅食，此时可适量投喂些优质饵料，以增强其抗寒能力。同时，

在白天可掀开部分薄膜，让空气流通，不致过热。

③加深水层越冬。越冬期间将蛙池水位控制在1.0～1.2米的水深，以防天气变化引起水温突变。同时池中放养些水生植物，让幼蛙在水草中越冬。室外土池可在池底铺一层30～40厘米厚的沙土或淤泥，供幼蛙潜伏冬眠。淤泥既具有保温作用，又可在发酵时放散热量（可使水温升高2℃），因此，能使幼蛙在深水淤泥中安全越冬。在较寒冷的地区，可在池面上方搭架覆盖杂草、玉米秆或麦秸等，既能抵御寒潮的侵袭，又能防止外来敌害。

④草堆越冬。在蛙池的东北面堆一土丘挡北风，离水面30厘米处架一大堆（棚），草堆周边与池边紧贴，以防冷风吹入池内，并在池的东北面深水处放置几个瓦筒，供幼蛙栖息越冬。在越冬期间，水温一般保持在10℃左右，幼蛙能安全过冬。

（2）**管理重点**　越冬期的幼蛙体质瘦小，无抵御敌害的自卫能力。因此，要经常检查敌害的情况，如蚂蟥、水蛇、鼠类等敌害，其中以鼠的危害最大，如有发现要及时清除。如发现红腿病等疾病，要及时治疗，防止感染健康蛙。

第三节　成蛙的饲养与管理

成蛙养殖是指将体重50克左右的幼蛙养成体重150克以上的商品蛙的养殖生产。这种青壮年蛙饲养一段时间后，除少量留作种蛙（亲蛙）外，大部分可作为食用蛙或加工处理，一般体重达到150克左右即可投放市场。从幼蛙养殖至成蛙是石蛙养殖生产中的最后一个环节。同时，成蛙的饲养管理好坏，对于石蛙质量的优劣影响很大。因此，必须认真做好成蛙养殖的各项工作，以求获得最大的经济效益和社会效益。

一、室外水池养殖

1. 建造养殖池

成蛙的养成与幼蛙有很多相似之处，故不再重复。在石蛙养殖方法中，目前养殖成功的主要有室外水泥池养殖（彩照18）和室内集约化养殖（彩照19）两种。成蛙养殖大多使用水泥池，池的面积不宜过大。以10～20平方米为宜；其结构形式与对虾育苗池很相似。全池设进、排水口，平时水深保持30厘米左右，冬季要加深至80厘米以上。池中水面放养些水生植物，如水浮莲、金鱼藻等，供蛙栖息、产卵。池边要用遮阴网，或在池边种植常绿的木本植物，也可搭建瓜棚等遮阳设施，以增加遮阴面积；同时净化空气，改善生态条件，并能招引昆虫，使石蛙获得新鲜活食。

室外养殖场地的周围要用砖石或水泥瓦等建造围墙，围墙底脚挖30～40厘米的深沟，用碎石填平，防蛙潜穴逃逸，围墙高1.5米以上，顶端设置向内约20厘米的倒檐，防止石蛙逃逸、人为盗窃和敌害的袭击，又形成隔断外界干扰的屏障，维持蛙场所需的清静环境。

石蛙是穴居动物，不论是水泥池，还是土池，都要模拟其天然穴居的生活习性，池内铺设鹅卵石，用砖石构筑陆岛、陆岸、水沟、洞穴等供蛙登陆栖息。水面与陆地面积之比为1∶2。

2. 养殖用水

石蛙的整个养殖过程中，蛙池用水必须细水长流，循环不息，并保持水质清新，溶解氧充足，水质稳定。水源以山溪水、泉水为佳，不宜选用水质混浊、有机质含量较多的池水，更不能利用城市含氯自来水。养殖池根据不同要求和水深，在每池的排水口内应设置限水孔，用以调节水位和水流量。

3. 蛙池消毒

幼蛙放养前10天，将池内污物清除干净，然后进水50厘米，用生石灰按100克/米^{2}或漂白粉10克/米^{2}的浓度进行全池消毒。3～5天后，待药性消失，排出旧水再放入新水，才能放养。

4. 放养幼蛙

幼蛙的放养密度取决于养殖条件、饵料供应情况和蛙体大小等因素。如为长流水养殖，同时活动场地又大，遮阴条件好的，放养密度可大些，反之则小。通常体重为50～80克的石蛙，每平方米放养30只；100克以上的，每平方米放养20只。放养前，用7毫克/升的高锰酸钾溶液浸浴蛙体20分钟进行消毒。由于石蛙生长速度不一，要根据蛙体大小分级放养。凡达到商品蛙重量，即150克以上的，要立即出池，投放市场。

5. 投喂饲料

蛙池设置食台有许多好处，可做到集中投喂，集中觅食，保洁水体，减少损失，提高饲料功率，利于防治蛙病。食台是用水中不易腐烂的树木制成（图5－3）。选用1厘米厚的木板，规格视蛙池面积，能大能小。一般为一米长，0～5米宽，在食台四周钉上高约3厘米左右的木条作框子。使蛙跳在食台

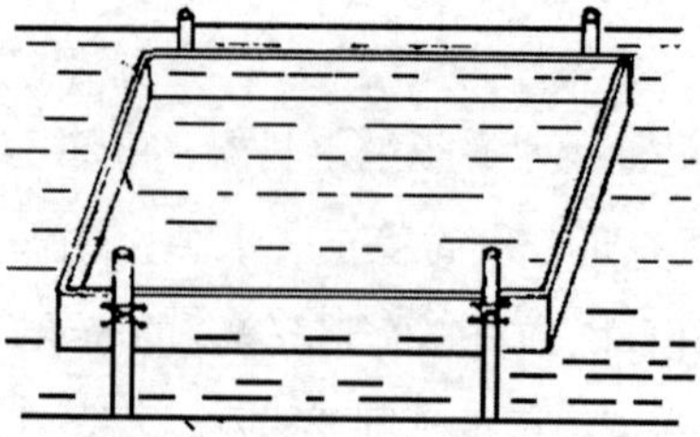

图 5－3　饵料台

上觅食时不易饲料拖下食台，落入水中，污染水中，并造成浪费。食台高度以水不淹浸为度（如食台有积水，食台上的昆虫就会被淹死）。食台底下有四只脚（不固定，可以移动）。台下供蛙群居栖息。食台要求每半个月清洗消毒 1 次，以防残食腐败，滋生细菌，引发蛙病。饲料颗粒大小，以幼蛙能吞食为宜。投喂量视天气、水温及实际摄食量等情况，随时调整。水温在 16～26℃。

6. 及时换水

成蛙摄食多，排泄物也多，易造成水质污染。为了保持水质清新，减少污染和疾病发生，最好采用微流长流水养殖。也可通过换水，使池水保持清新。夏天要求每 3～4 天换水 1 次，换去池水总量的 1/3 左右；冬天每 5～6 天换水 1 次，换出量为全池的 1/4 左右。

7. 日常管理和越冬

与幼蛙养殖基本相同，可参考幼蛙的管理和越冬方法。

二、室内集约化水流池养殖

室内集约化养殖的优点是，生态环境稳定，敌害少，投喂方便，易管理。完全实行科学管理，放养密度高，全人工投喂，强化培育，循环用水，因此产量高，效益好。

1. 建场的条件

选择和建造蛙场要求环境宁静，冬暖夏凉，不旱不涝，水源充足，排灌方便，通水通电，交通便利的地方。

室内集约化养蛙房内要求通风、凉爽、无阳光直射。在建池前要对养蛙房稍加改造（如在窗门上悬挂黑布等），以适应石蛙喜阴暗的生活环境。夜间进入蛙室，一般不开电灯，而改用手电筒，以免强光导致石蛙受惊，蹿跳碰伤。

2. 蛙池的建造

室内集约化养殖主要使用水泥池。水泥池用砖石砌筑，用水泥砂浆抹面。水池面积以 4 ~ 8 平方米为宜，池高 1 米，池形以长方形为好，池底有一定坡度，并向排水口倾斜，以利于排除污水。要求不渗水、不漏水。池壁设限水孔，孔离池底 10 ~ 20 厘米，可自由调节，排水孔设在最低处，池水深保持 25 厘米左右。池内用石砖构筑大小不同的人工洞穴，供蛙栖息。池内搭建食台，池面设网盖（用聚乙烯网片制成），以防石蛙蹿跳潜逃。各个蛙池都要安装自来水管和水龙头，日夜向池中滴水，做到细水长流，川流不息，增加氧气，保持水质新鲜，在水池底下需挖一条 25 厘米深的水沟，由池内排出的污水由水沟流出室外。

3. 放养密度

在饲料充足、水质优良的条件下，室内集约化养蛙的密度要比室外池塘养殖高得多。一般每平方米可放养体重 50 ~ 80 克的幼蛙 100 ~ 120 只，100 克以上的成蛙 40 ~ 60 只。30 平方米的蛙房总养殖量可达 800 ~ 1 500 只。如果每只最佳养至 150

克以上，则总产量可达 200 ~ 250 千克。每平方米的产值约 1 000元，经济效益是很可观的。

4. 日常管理

室内集约化养殖的日常管理工作主要有控制水温、调节水质、定时投饵和定期清池消毒等。尤其在夏季水温高时，要加强清池消毒工作。一般每天巡池 2 次，每月清池消毒 1 次（包括食台），发现病蛙及时采取措施。投喂饲料，以鲜活饲料为主，如黄粉虫、蚯蚓、大麦虫等。同时，根据蛙的生长情况定期调整，分级饲养。

如有条件，还可在蛙池上加盖尼龙薄膜，安装空调、太阳能热水器等调温装置，或引入附近的温泉水、地下井水或冷却热水，进行不冬眠的养殖，这样可以缩短石蛙的养殖周期，多出产品，提高经济效益。

三、野外封沟养殖

在适合的地方划出一定范围，四周用砖石砌墙围住，墙高 1.5 米左右，墙脚挖 40 厘米深沟，用碎石填平，严防蛙潜穴逃跑。蛙场陆地宜种些蔓藤作物，如南瓜、丝瓜和扁豆等，为石蛙提供阴暗潮湿的栖息地。

封沟养殖的场地应有陆地、土堆和水沟（彩照 20）。沟宽为 50 ~ 100 厘米、深为 40 厘米，水沟与墙外的进口相通，水可直接放入沟内，再排出墙外。水沟内种些绿萍、水浮莲等水生植物，有利于调节水温和水质。

封沟养殖的放养密度，要根据养殖的生态环境的优劣程度而定。如水沟流量大，水深，陆生植物多，昆虫资源丰富，放养密度可大些；反之则小些。在较优的生态条件下，每平方米放养幼蛙 5 ~ 10 只为宜，放养规格基本要求一致，防止出现大蛙吞食小蛙的现象。根据近 2 年来的实践，野外封沟养殖是一种粗放型的养殖模式，具有省工省料，养殖成本低，蛙肉品质更接近野生蛙，且生长速度比室内集约化养殖快等优点。缺点是广种薄收，易遭敌害袭击，由于蛙群分散，蛙病和敌害不易及早发觉，因此蛙的成活率较低。

石蛙养殖期间的管理工作除加强巡逻、检查蛙的健康状况外，还要定期投喂活饵料，以满足蛙的生长需要。

四、池塘鱼蛙立体养殖

池塘鱼蛙立体养殖技术是在常规池塘养鱼的基础上，通过在池塘中设置网箱，实行石蛙的无陆地养殖，建立池塘鱼蛙共生系统，实现池塘鱼蛙立体养殖，实现鱼蛙共生，优势互补，综合提高池塘养殖效益，达到增产增收的目的。

池塘鱼蛙立体养殖有很多优点。从池塘资源利用的角度看，池塘以养鱼为主，塘内设置网箱养蛙，不占用耕地，技术方便；从饲料利用角度看，池塘设置网箱养蛙，建立了池塘鱼蛙共生系统，池塘大水体能为网箱养蛙提供稳定的生态条件和天然食物来源，使石蛙吃到更新鲜的活饲料，同时蛙的残食和粪便深入池塘水体中能增能水质，促使浮游生物繁殖，为养殖鱼类所利用。

1. 网箱的结构与设置

养蛙的网箱为敞开式网箱。育苗网箱用无节聚乙烯网片加工而成，规格为 6.0 米 ×6.0 米 ×1.4 米和 12 米 ×4 米 ×1.4 米两种。成蛙养殖网箱规格为8.0米×3.0米×1.4米、6.0米×3.0米×1.4米及12米×4米×1.4米三种。网箱用木桩、竹桩固定成长方形，入水深度为60～70厘米，露出水面部分为70～80厘米（孵化网箱入水深度为50厘米左右）。育苗网箱在蝌蚪变态期以及成蛙养殖网箱内应设置栖息台（兼作饲料台），其面积为网箱水面的20%～30%。在网箱上方距水面1.5米处，应搭架铺设遮阳网。

2. 网箱培育蝌蚪

蝌蚪入箱前，用10毫克/升浓度的高锰酸钾溶液浸洗网箱，并仔细检查网箱是否破损（彩照16）。因为池塘网箱养蛙的生态条件明显优于土池养蛙，溶解氧和浮游生物较为丰富，所以放养密度可以适当增加。一般每平方米养殖蝌蚪100～200只，且一次放足，并要求蝌蚪的日龄相近、规格整齐、健康无外伤。蝌蚪入箱后第二天开始投喂，饲料品种与水池养殖的蝌蚪相同。每天投喂2次，并根据池塘水质、气候、水温等情况灵活掌握；蝌蚪生长的前期、中期采用全箱泼洒的方式投喂，蝌蚪变态期逐渐改为定点投喂和饲料台上投喂的方式。在蝌蚪变态期经常在饮料中添加复合维生素等药物，可以预防营养缺乏性烂皮病的发生。

3. 网箱成蛙养殖

池塘内设置网箱的面积，一般以养殖草鱼为主的池塘应控制在池塘总面积的5%左右，以养殖罗非鱼、胡子鲇的池塘，设置网箱面积可达到池塘总面积的10%左右。当幼蛙体重达到3克以上后便可转入成蛙网箱养殖。在幼蛙入网箱前用10毫克/升浓度的高锰酸钾药液对网箱进行浸洗消毒，同时用0.05%的食盐水对幼蛙进行蛙体消毒，石蛙合理的放养密度为每平方米60～80只。投喂坚持“四定”原则，重点掌握合理的投饵量，防止石蛙时饥时饱。饲料投喂量约为蛙体重的3%。每天投喂2次，一般以投喂1～2个小时内饲料吃完为宜。在养殖期间，要加强管理，做到“三勤一及时”，即勤巡视，观察天气和石蛙摄食的变化情况，勤清洗网箱的饲料台，保持饲料台的清洁和网箱内外水体交流的畅通，勤检查网箱是否牢固，有否破损；发现蛙病，及时采取措施，防止疫病蔓延，要经常喷洒消毒药液和投喂药饵，病情严重时采用小网箱将病蛙隔离观察治疗。

4. 成蛙捕捞

经1年多的饲养，石蛙体重达到150克左右，即可捕捞上市，个体小的蛙继续留在网箱养殖。

第六章
石蛙的运输

随着石蛙养殖业的发展，蛙卵、蝌蚪和种蛙的引进，商品蛙的销售，都要通过运输这一重要环节。要搞好运输，首先要做好运输前的各项准备工作及途中护理，若搞得好，成活率可达90%以上。

第一节　蛙卵的运输

蛙卵（受精卵），俗称“蛙籽”。刚产出1～2天的蛙卵，是运输的最佳时间。如果路程短，可用干净的盆、桶或塑料瓶装运，在几个小时内到达无大碍。

若从远处运卵，在运输中就要考虑保持适宜水温，使蛙卵不致热死；同时，要注意水的溶氧量，使蛙卵不至于憋死。运卵可用塑料桶或圆形铅皮桶，在距桶边1/3处，做一有网眼的隔板，隔板可放可拿出。隔板处做一圈托沿，可托住隔板。2/3处为蛙卵和水的存放处，桶盖上有一个带网眼的小罐，罐内放冰，罐上有盖。在运输途中要经常注入新水，排掉一些废水，使水质保持清新，可连运10个小时没有问题。

第二节　蝌蚪的运输

蝌蚪的运输方式有好几种。路程近的可采用肩挑或自行车运输法，若路远的话则可用汽车、火车、飞机等运输工具。

一、运输前的准备工作

蝌蚪运输前，应把准备运输的蝌蚪，集中到水质清新的池塘或网箱中暂养1天，并停止喂食，使其排尽粪便，不污染运输有限的水体，以适应运输时的密集生活。

二、肩挑或自行车运输

挑运蝌蚪的工具，常用的有鱼篓和水桶。每人可挑两桶（篓），挑运中用肩膀有节奏地颤动，使桶（篓）中的水随着挑运者有规则地高低起伏，借以掀起桶中水花，从而增加水中溶氧量。鱼篓装水不宜太多，水位在15厘米左右为宜。挑运蝌蚪的密度，一般每担可装蝌蚪800～1 500尾。体长为3～5厘米的可装1 500尾，6～8厘米的可装1 000尾，8厘米以上的可装800尾左右。但装运密度要根据气温高低而适当增减，如冬季水温低，密度可适当增加，反之则密度降低。如途中过夜，须将蝌蚪放在网箱中暂养，第二天起运之前可喂些饵料，但在挑运途中不能喂食。

三、汽车运输

汽车装运蝌蚪，所用的容器有木桶、帆布箱、尼龙袋等。

每辆载重3吨的车可装大木桶4~6个不等，分立车厢两侧。运输过程中要定期换水，及时捞去死伤蝌蚪，保持水质新鲜。木桶高为1.0米，桶口径为0.6米，有桶盖的盖中央有一圆形大孔，直径为30厘米。桶的底径近1米，底大口小可保持稳定，防止桶身摇晃甩出桶外，造成损失。一般每口木桶装水400~500千克，能装体长3~4厘米的蝌蚪2.4万尾。汽车运输可用击水板经常击水，尤其在汽车停驶时，更要增加击水次数，以防水中缺氧。

目前，长距离运输蝌蚪效果最佳的方法是用密封式尼龙袋充氧或开放式塑料大桶备氧气钢瓶充微氧运输。尼龙袋的规格为长90厘米，宽50厘米。装运时先盛1/3的水，然后装进蝌蚪，并立即充加氧气，至袋稍膨胀时为止，然后扎紧袋口，并检查袋口结扎处有无漏水或漏气现象。尼龙袋最好外套编织袋，装入纸盒内，以免尼龙袋摩擦受损。

装运的适宜密度是：每千克水装载3~5厘米长的蝌蚪40~60尾；6~8厘米长的蝌蚪25~30尾；8厘米以上的蝌蚪15~20尾。

用尼龙袋装运蝌蚪，若能在20个小时内到达目的地，途中可不再换水充氧。变态高峰期的蝌蚪，因正处在生理习性的改变期，故不宜装运。

四、飞机运输

汽车运输蝌蚪方法同样适用于飞机运输。但以尼龙袋充氧运输效果最佳。空运的优点是速度快，装运密度大，时间准确。此种方法在空运过程中不需要有人照管。这种方法在国内装运鱼虾苗较为普遍，但运输蝌蚪尚不多见。

不论用何种方法运输蝌蚪，要选择适宜的季节。如夏季要注意降温；冬季运输要注意保暖，最好安排在天气晴朗风和日丽的时间进行。气温低于8℃或高于30℃不宜运输。换水时温差不宜超过2℃。水最好用水质无污染的池水、溪水或井水，不能使用含氯自来水。

第三节　幼蛙的运输

在起运之前，先把准备运输的蛙放在清水中暂养1~2天，不投喂，让其把粪便排泄干净。快要装运时，最好用水将蛙体上的泥浆、污物冲洗掉，以免污染运输器材，影响运输成活率。目前，常用的运输工具有如下几种。

1. 木板箱

用杂木板制成，规格为70厘米×45厘米×8厘米，箱内隔成相等的4格。箱盖上开有若干个直径为1.5厘米的小孔，以便于通气（图6-1），箱内衬柔软的人造海绵垫，这样，蛙在箱内跳动时不易擦伤皮肤。木箱质地牢固，不易损坏，也不怕压叠。日本运输牛蛙都是使用这种木箱。

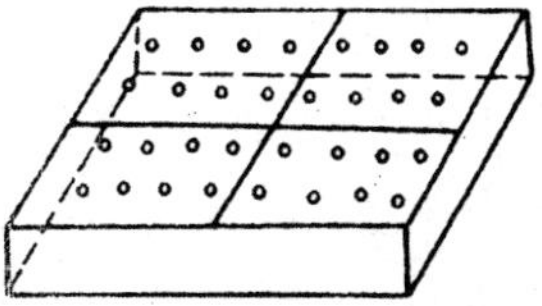

图6-1　运蛙木板箱

2. 铁皮桶

用马口铁加工而成，桶高为45厘米，直径为44厘米。桶壁视蛙体大小打6圈小孔，用于通气（图6-2）。桶内有3个

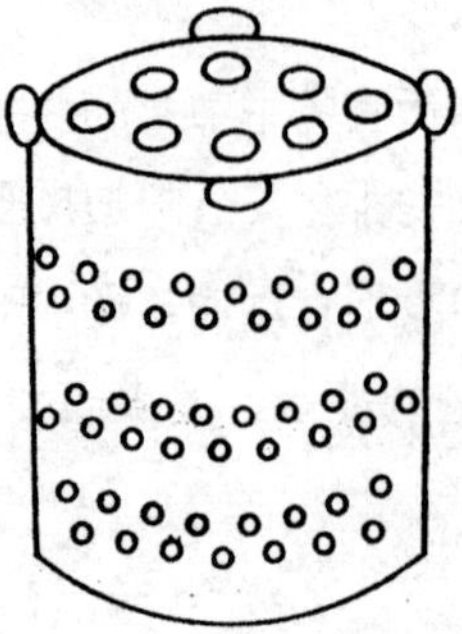

图 6－2　装蛙铁皮桶

用马口铁制作的抽屉，重叠放置，用以盛蛙，抽屉的直径略小于外面的桶。屉高为 12 厘米，每个抽屉的壁上也打 2 圈直径为 2 厘米的孔。抽屉底部还焊有 2 个高为 2.6 厘米、直径为 1.8 厘米的铁管，贯通底部，以保持一定积水而排除过多的水，使蛙体保持湿润，箱底还焊有 3 个支脚，以便流通空气。

3. 纸箱

用硬纸板箱，规格为 50 厘米 × 35 厘米 × 20 厘米。使用时要在箱子上部和四周打一些小孔，以便于空气流通，箱子底部要垫尼龙纸，以免淋水时底板受潮损坏。因纸箱易破损，只能作短途运输。

4. 泡沫塑料箱

塑料箱规格为 50 厘米 × 35 厘米 × 20 厘米。箱子上部和四壁打若干小孔，以便于空气流通。装运前，箱底要放些碎冰，并且还要垫些潮湿的海绵、水草、苔藓等，以使蛙体保持凉爽、潮湿。泡沫塑料箱质地轻巧、软硬适度、保水性好，蛙在箱内跳动不易受伤，还可重叠节省空间，使用效果好。

5. 装箱密度

在一般情况下，每箱可装体重为 250 ~ 350 克的未成年蛙 30 只，10 克左右的幼蛙 500 ~ 600 只。装箱密度还和水温密切相关，温度高，密度要小；温度低，密度可加大些。

第四节　成蛙的运输

成蛙的运输方法与幼蛙类似，但因成蛙食量大、排泄物多，体表富有大量黏液，故在运输装箱前，要停食2天，并洗去蛙体上的污泥等物，然后再分级装箱。为防止成蛙强力弹跳，造成撞伤，最好将运输箱内分隔成小格，气温超过20℃时，箱底要放些碎冰，冰上再垫一层水葫芦、水草或湿纱布等物，以增强保湿、降温和防震效果，确保安全运输。各小室内放入3~4只成蛙。最好把每只成蛙装入一小网袋内，网袋要浸湿，再把小网袋放入小格内，上盖少量水草，然后加盖。这样可防成蛙跳跃受伤，也可防蛙相互拥挤，堆压致死。如采用后一种方法隔离每只成蛙，则伤亡率将会更低。

在石蛙运输时要注意以下几个方面：①装运前应按每立方米水体10毫克的高锰酸钾溶液对蛙体和运输工具进行消毒，水的深度以淹没蛙体为宜；②刚变态的幼蛙，体质差，不宜长途运输；③选择阴凉天气运输，避免高温日晒，30℃以上的高温天气不宜运蛙；④装运密度要适宜，长途运输应经常淋水（清洁无污染的水），以保持蛙皮肤湿润，对呼吸有利；⑤容器中积有脏水时，要及时冲洗干净；⑥要严格检查容器，发现破漏立即修补，防止蛙逃逸；⑦运输尽量做到快速、平稳、安全、准点，提高运输成活率。

第七章
石蛙的营养需求与配合饲料

第一节 石蛙的营养需求

饲料是养殖蛙类的物质基础。石蛙和其他动物一样，在生长、发育过程中需要一定量的蛋白质、脂肪、碳水化合物、矿物质和维生素等营养物质来维持其各项生命活动。这些营养物质通过蛙的消化吸收，提供能量或转化为体组织并参与各项生理代谢活动。因此，了解饲料中的营养物质以及石蛙对饵料的需求，对于提高饲料的利用率、降低养殖成本、提高商品蛙产量、增加经济效益，具有重要意义。

一、蛋白质

蛋白质是构成石蛙体内各器官组织细胞的基本成分。石蛙体内各种器官组织、各种酶类、激素等都是以蛋白质为主要成分。蛋白质由20种氨基酸组成，其中有些是石蛙体内自行合成的，称非必需氨基酸；而有些是自身不能合成或合成很少，必须从饵料中摄取的，称必需氨基酸。通常动物蛋白所含的氨基酸比较全面，而植物性蛋白所含的氨基酸不太全面。因此，石蛙饵料要多样化。蛋白质在蛙体内通过代谢还能产生能量物质来维持生命。据资料表明，石蛙对蛋白质的需求低于肉食性鱼类，几乎与杂食性鱼类需求量相当。当饲料中的蛋白质在36%以下时，蛙的体重增长率会随着蛋白质含量的增加而增大，几乎呈正比关系。一般来说，蛙类对蛋白质的需求量较高。早期的蝌蚪对蛋白质的需求量为饵料总量的30%左右，后期的蝌蚪要在50%左右，幼蛙的新陈代谢旺盛，潜在增重能力强，对蛋白质的利用率高，应达到50%以上；成蛙在生长旺季或繁殖期所需蛋白质含量达60%。所以说，蛋白质是一切动物的生命基础。

二、脂肪

脂肪广泛分布于石蛙体内各组织中，但主要集中在腹腔中的脂肪体内。在繁殖期和冬眠期，石蛙就是靠贮存在脂肪组织中的脂肪维持体温及生理需要。当饲料中能量不足时，脂肪即被分解，释放出能量。此外，脂肪还具有减少体热散发、增强越冬抵抗能力等多种功能。蝌蚪和幼蛙需要较高的热能才能生长发育，所以对脂肪的需求量较大。石蛙虽然需要一定的脂肪，但由于饲料中的碳水化合物和蛋白质有一部分合成脂肪，且一般饲料中都含有一定量的粗脂肪，已足够蛙生长的需要，因此，在饲料中不必另外添加脂肪。

三、碳水化合物

碳水化合物包括淀粉、糖类和纤维素等，是蛙体热能的主要来源。糖类多以糖元的形式贮存在肝脏和肌肉中，而且能转化为大量脂肪贮存起来，以减少对蛋白质的消耗。石蛙饲料中碳水化合物的适宜含量为：淀粉 25% ~28%，纤维素 7.5% 左右。蝌蚪的肠道中能分泌纤维素酶，可将纤维素分解成单糖而加以吸收利用。而幼蛙和成蛙的肠道中则缺少纤维素酶，故纤维素不能被消化利用。所以，在蝌蚪饲料中，粗纤维含量可达 10%，而在幼蛙和成蛙饲料中，粗纤维含量要低于 10%，粗纤维含量过高会阻碍饲料的消化，降低饲料的营养价值。但也不能太低，缺乏粗纤维，又会减少对肠胃的刺激，易产生便秘。

四、维生素

维生素是维持蛙类正常生理活动不可缺少的营养物质，也是组成辅酶或辅基的基本成分。蛙体内如缺乏某种维生素，便会导致酶的活性失调，引发各种疾病。如饵料中缺乏维生素 A，蝌蚪和蛙会出现眼盲、烂皮等病；缺乏 B 族维生素，会造成消化不良症；缺乏维生素 E，会出现肌肉萎缩、后肢麻痹及影响蛙的生育能力等；缺乏维生素 D 会影响钙和磷的正常代谢等。由于石蛙对维生素的需要量是极微小的，一般只需在饲料中加入适量的维生素，或定期加喂鱼肝油、复合维生素 B 片，即能满足其对维生素的需要。

五、矿物质

矿物质包括钙、磷、钠、硫、氯、镁等元素。它是构成成蛙体组织的必要成分，也是维持机体正常生理活动不可缺少的物质。矿物质在体液中以离子状态存在，参与蛙体与周围水环境的调节，也是酶活性的重要催化剂，可以促进生长，提高石蛙对营养物质的利用率。蝌蚪的发育变态、幼蛙的快速生长和种蛙生殖细胞的周期变化都需要矿物质。如果缺少矿物质会引起石蛙生长缓慢等矿物质缺乏症；缺少钙和磷会发生软骨病。

第二节　石蛙的配合饲料

在人工饲养石蛙，特别是高密度集约化养殖时，仅靠天然鲜活饵料是难以满足生产需要的。实际上用量最大和使用最方便的还是人工配合饲料。

加工配合饲料，要遵循科学经济的原则。同时，根据蝌蚪和蛙的不同发育阶段和营养需求等情况，营养标准可参考表 7－1。

表 7－1　各类饲料的营养成分

饵料名称	水分/%	粗蛋白质/%	粗脂肪/%	粗纤维/%	无氮浸出物/%	灰分	磷/毫克	钙/毫克
小麦粉	13.00	10.90	3.80	8.90	55.30	5.30	0.98	0.16
花生麸	11.30	38.40	8.20	5.80	29.50	6.90	0.58	0.33
黄豆粉	11.20	38.10	13.10	4.10	27.50	4.20	0.34	0.24
玉米粉	13.20	7.00	4.60	1.50	72.20	1.60	2.10	0.31
国产鱼粉	5.90	53.50	9.80	3.90	0.40	26.50	4.59	2.15
蚕蛹粉	4.20	55.80	29.10	5.10	8.60	3.60	0.19	0.75
蚯蚓粉	7.60	56.40	7.80	1.50	17.90	8.70	8.70	–
猪血粉	4.73	84.70	0.40	–	2.40	3.20	0.14	0.22
肉骨粉	–	53.40	9.90	–	–	28.00	9.20	4.70

各地的生产实践表明，使用单一的饵料营养不全面，往往会影响蝌蚪正常发育变态。为了使蝌蚪获得全面而均衡的营养物质，促进生长发育，提高成活率，人们常用人工配制的混合饲料投喂蝌蚪。阮新艳等人曾于1989—1990年用水蚤、水蚯蚓、粪虫之类喂养虎纹蛙蝌蚪，需经45～50天才变态长脚；于1991年开始，室内培育蝌蚪用“幼虾2号”配合饲料，投放室外池前期用“幼虾2号”，中期用“幼虾2号”和粪虫混合投喂，后期用粪虫和小颗粒膨化饲料，全过程仅需20～25天即变态长脚。由此可见，使用配合饲料，不仅缩短了蝌蚪的变态期，而且苗体也长得肥壮。浙江省宁海县石蛙养殖场，用煮熟的南瓜块喂蝌蚪，不但爱吃，而且长得快，是蝌蚪的好饲料。

加工配合饲料所用的各种原料，质量一定要好，要清洁卫生。尤其是掺入饲料的小杂鱼虾，质量一定要新鲜。如果用腐烂变质的鱼虾加工配合饲料，蝌蚪非但不爱吃，吃了反而会引起病害。

一、配合饲料的配制原则

①注意各种营养物质全价平衡；②尽量选用价廉、来源广的原料；③要有较浓的鱼腥味和饼粕类的芳香；④在水温25℃条件下能稳定2～3个小时不松散，保证幼蛙有足够的吞食时间；⑤不能采用发霉、变质或有毒物质作原料；⑥蝌蚪的配合饵料为粉末状，饲喂时直接撒在水面上；⑦南瓜（蒸熟、去皮、籽）75%，鱼粉（优质）10%，玉米粉8%，豆粉5%，钙1%，食盐0.3%，酵母片0.5%，多维素（或鱼肝油）

0.3%。先将南瓜切块煮熟，加入上述配料，多维素冷却后加入，以免影响药效。然后捏碎拌匀。做成团子（约10克）即可放在食台上，让蝌蚪自行觅食。暂时不用的团子可放入冰箱保存，随用随取。投喂量按每100只小蝌蚪（20～100日龄），投料约20～25克/日。大蝌蚪约30～35克，每日一次。傍晚投喂。视摄食情况，灵活调整。

二、配合饲料的营养组合

1. 组合

石蛙蝌蚪期，使用粗蛋白质含量为33.19%，粗脂肪为1.75%的配合饲料。变态后的幼蛙，用粗蛋白质含量为32.5%～35%，粗脂肪为2%～3%，粗纤维为2.8%～3.8%，微量元素为0.5%，维生素为0.5%的配合饲料。

2. 原料

①动物性原料。以鱼粉为主，辅以肉粉、蚯蚓粉、蚕蛹粉、牛肝粉、蛋黄粉和绞碎的屠宰副产品等。在配方中的用量为30%～50%。

②植物性原料。主要是豆粕、豆饼、花生饼，在配方中的用量为30%～40%。

③能量原料。玉米粉、面粉等，在配方中的用量为10%～20%。

④其他原料。如糠麸类、植物叶粉等，在配方中的用量为20%～35%。

三、蝌蚪的饲料配方

（1）配方1　鱼粉60%，米糠30%，麸皮10%。

（2）配方2　蚕蛹粉30%，大麦粉50%，鱼粉20%，维生素适量。

（3）配方3　血粉20%，花生饼粉40%，麸皮12%，大麦粉10%，豆饼粉15%，矿物质2%，维生素添加剂1%。

（4）配方4　肉粉20%，白菜叶10%，豆饼粉10%，米糠50%，螺壳粉2%，蚯蚓粉8%。

（5）配方5　鱼粉15%，猪肝25%，米糠43%，菠菜10%，骨胶7%。

（6）配方6　鱼粉20%，白菜叶10%，豆饼粉10%，米糠50%，螺壳粉2%，蚯蚓粉8%。

四、成蛙的饲料配方

（1）配方1　豆饼40%，菜籽饼5%，鱼粉10%，血粉5%，麦麸30%，苜蓿粉10%。

（2）配方2　鱼粉60%，麦粉20%，干酵母、奶粉、肝粉、血粉、矿物质及维生素共20%。

（3）配方3　鱼粉50%，花生饼30%，麦麸20%。

五、配合饲料的配方设计

首先，要搞清石蛙对饲料中蛋白质需求标准及所选用的原料中所含蛋白质量的多少，这是设计配方的主要依据。

目前国内市场生产的石蛙颗粒饲料配方设计如下。

幼蛙用颗粒饲料：粗蛋白质 >38%，粗脂肪 >5%，粗纤维 <4.2%，矿物质 <1.2%，钙磷比为（1.2～1.5）∶1，膨化颗粒料粒径为 2～5 毫米，动植物蛋白比为 52∶48，浮水性 90%。

成蛙用颗粒饵料：粗蛋白质 >32%，粗脂肪 >5%，粗纤维 <4%，矿物质 <1.2%，钙磷比为（1.3～1.6）∶1，膨化颗粒料粒径为 5～8 毫米，动植物蛋白比为 50∶50，浮水性 90%。

由于石蛙对蛋白质的含量要求较高，因此在制定配方时应以蛋白质的含量为主，兼顾对其他营养物质的要求。如何按照石蛙对蛋白质的需要量，计算出配制配合饵料所使用的各种原料的需要量，这里介绍一种简便的方法——方块法。下面以选用鱼粉、豆饼、玉米粉、麸皮、磷酸盐、混合维生素及氨基酸、黏合剂为原料介绍配方设计。

(1) 第一步　查清石蛙营养标准（主要是蛋白质）为粗蛋白质含量 45%。而鱼粉含粗蛋白质为 65%，豆饼为 45%，玉米粉为 9%，麸皮为 15%，其他添加剂不含蛋白质①。

(2) 第二步　把各种原料按含蛋白质多少或按动、植物性蛋白质分类，并按原料来源及价格情况确定各种原料在各类别中的百分比（如下式中鱼粉和豆饼在蛋白质原料中的百分比分别为 40%、60%），可参考下列公式计算，其中鱼粉、豆饼为蛋白质原料，玉米粉、麸皮为能量原料。

①若鱼粉占蛋白质原料含量为 40%，则豆饼占蛋白质原料含量为 60%，蛋白质原料的粗蛋白含量 = 65% × 40% + 45% ×

---

① 此处各种材料粗蛋白质含量为举例说明计算方法使用，确切含量请参考商品说明，然后参照此方法计算即可。

60% =53%。

②若玉米粉占能量原料含量为50%，则麸皮占能量原料含量为50%，能量原料的粗蛋白质含量=9% ×50% +15% ×50% =12%。

③添加剂不含蛋白质，包括磷酸盐、混合维生素及氨基酸、黏合剂3种，占混合原料（配好的饲料）的含量分别为1.0%、0.5%、1.0%，共占混合原料的2.5%。

（3）第三步　把不含蛋白质的添加剂从计划配制的混合原料中去掉，再核算余下的混合原料实际要配成的粗蛋白质含量。如假定配制1 000千克混合原料，添加剂应占25千克，余下为975千克（含粗蛋白质450千克），实际要配制的粗蛋白质含量应为：

45% ÷ （100－2.5）% ≈46.2%，或450 ÷975≈46.2%

（4）第四步　画一方块图，把实际要配制的粗蛋白质含量写在中央，左侧上下角分别写能量原料与蛋白质原料的蛋白质含量，连接对角线，顺对角的方向把大数减小数所得余数添在相应的右侧上下角，再计算两类原料应占百分比含量。

能量原料　12%　　　　6.8%

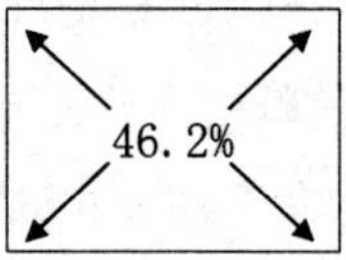

蛋白质原料 53%　　　　34.2%

$$能量原料含量 = \frac{6.8\%}{6.8\% + 34.2\%} \approx 16.6\%$$

$$蛋白质原料含量 = \frac{34.2\%}{6.8\% + 34.2\%} \approx 83.4\%$$

（5）第五步　分别计算出各种原料在1 000千克混合料中

的含量，得出配方。

①能量原料。玉米粉为：975×16.6%×50%≈80.9（千克）

麸皮为：975×16.6%×50%≈80.9（千克）

②蛋白质原料。鱼粉为：975×83.4%×40%≈325.3（千克）

豆饼为：975×83.4%×60%≈487.9（千克）

③添加剂：磷酸盐为10千克（1%），混合维生素及氨基酸为5千克（0.5%），黏合剂为10千克（1%）。

即用325.3千克的鱼粉、487.9千克的豆饼、80.9千克玉米粉、80.9千克麸皮、10千克磷酸盐、5千克混合维生素及氨基酸混合物、10千克黏合剂混合加工成1 000千克配合饲料，即为含粗蛋白质为45%的饲料配方。

池塘养殖石蛙，如遇下列情况应酌情减少、暂停或多投饵：①塘内溶解氧低，蝌蚪发生严重浮头时不投；②水质发生污染，浮游生物大量死亡时不投；③夏季水温超过30℃时少投；④台风暴雨，天气闷热时少投或不投；⑤天气晴朗时适当多投，阴雨时少投；⑥蛙体大小悬殊时适当多投；⑦蛙病发生时停止投喂。

六、配合饲料的加工

蛙类配合饲料主要有硬颗粒饲料和膨化的软颗粒饲料两种。目前养蛙多采用膨化颗粒饲料。

硬颗粒配合饲料加工：先将按配方称取的各种原料，用粉碎机轧成粉状，过50目筛，加水和黏合剂及防霉剂（0.25%丙酸钙），然后将原料倒入搅拌机中混合，均匀搅拌，加入黏合剂和适量水，制成团状，再送至硬颗粒成型机压制成硬颗粒饲料，这种饲料含水量低，适于久存。

膨化颗粒饵料加工：在硬颗粒配合饲料的基础上，添加30%的淀粉作膨化剂，经高温高压，膨化发泡制成。这种饵料的优点是漂浮性好，在水中几个小时不化、不下沉，易被蛙吞食；而且，饲料颗粒在水中不松散，营养散失少，饲料利用率高，使用效果好。但缺点是膨化饲料在高温高压下，部分营养遭到破坏，尤其是维生素损失最大。因此，膨化饲料制成后，还须喷洒多种维生素（如“高稳C”等），才能保持原有的营养成分。

第八章
石蛙活饵料的培养

第一节　石蛙蝌蚪活饵料的培养

在大自然环境中，石蛙蝌蚪主要是以浮游生物为主的天然饵料为食。但在人工饲养时，由于密度大，光靠池塘里的天然饵料已不能满足其需要，必须经过人工培育才能获得较多的浮游生物。

浮游生物分为浮游植物和浮游动物两大类。

浮游植物主要包括低等浮游藻类，如甲藻门的角甲藻（图8－1），裸藻门的裸藻和扁裸藻（图8－2），绿藻门的衣藻、

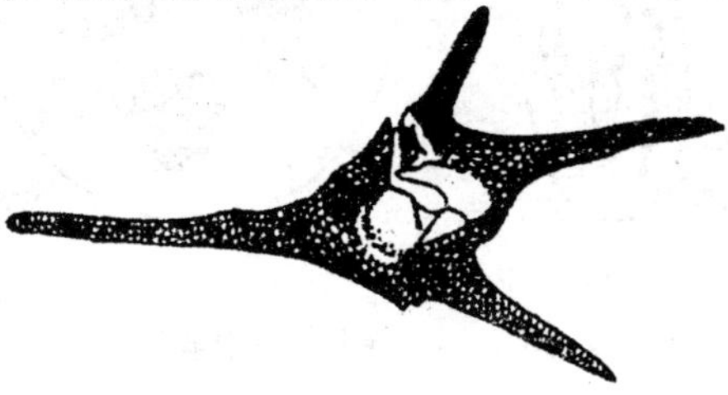

图8－1　甲藻门的食物角甲藻

胶囊藻、月牙藻、韦氏藻、克氏藻（图 8－3），蓝藻门的蓝球藻、隐球藻、念珠藻、螺旋藻和颤藻（图 8－4）。

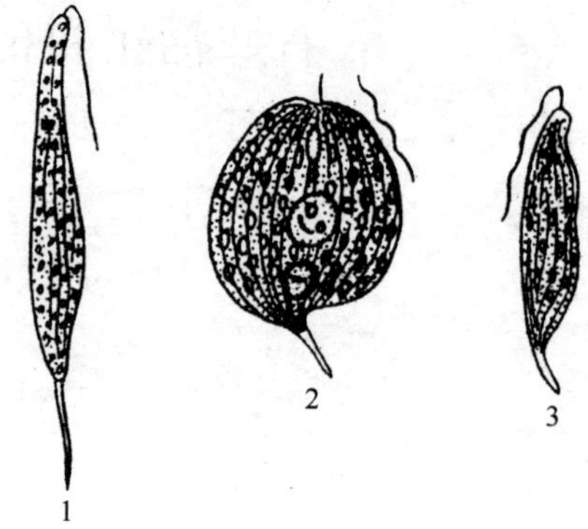

图 8－2　裸藻门的食物

1. 裸藻；2. 扁裸藻背面；3. 扁裸藻侧面

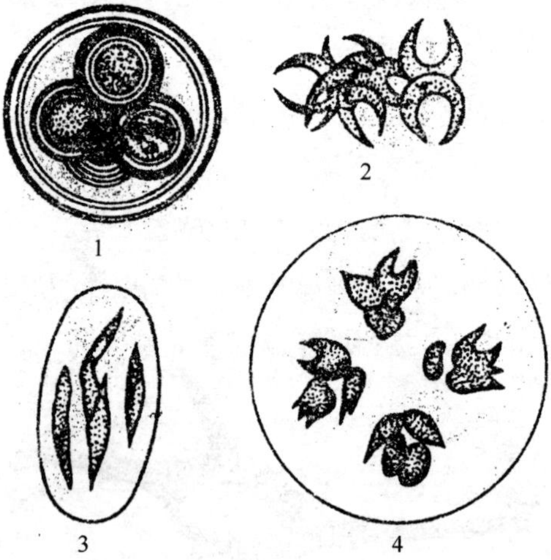

图 8－3　绿藻门的食物

1. 胶囊藻；2. 月牙藻；3. 韦氏藻；4. 克氏藻

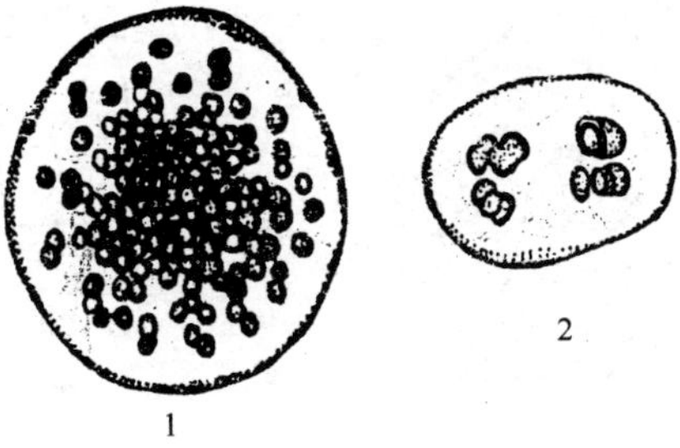

图 8 -4　蓝藻门的食物

1. 隐球藻；2. 蓝球藻

浮游生物主要包括轮虫中的晶囊轮虫、壶状臂尾轮虫、龟甲轮虫和水轮虫（图 8 -5），枝角类中的裸腹蚤和长额象鼻蚤（图 8 -6），桡足类中的白色大剑蚤（图 8 -7）和镖水蚤等。

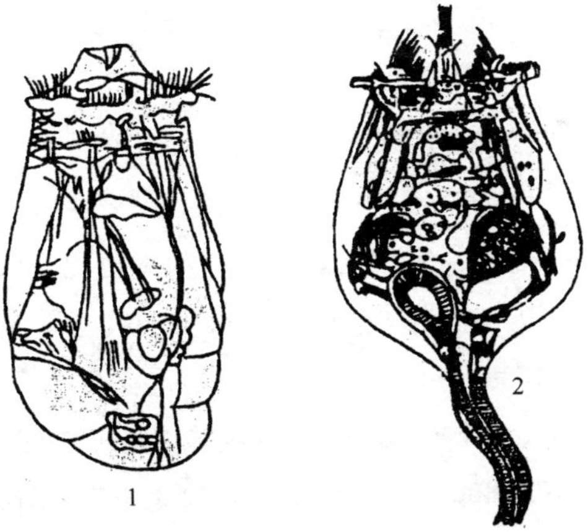

图 8 -5　轮虫

1. 晶囊轮虫；2. 壶状臂尾轮虫

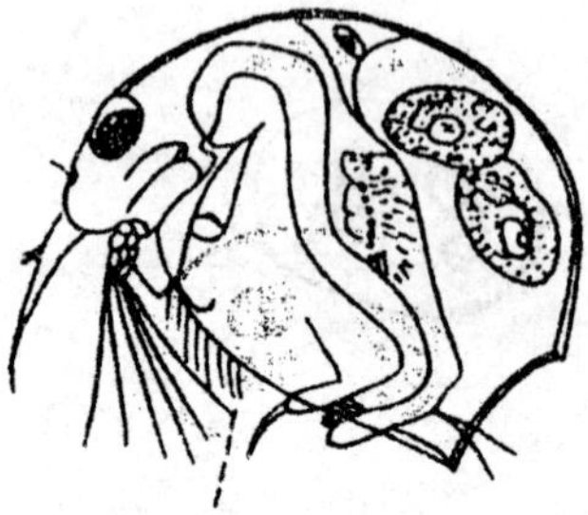

图 8－6　长额象鼻蚤

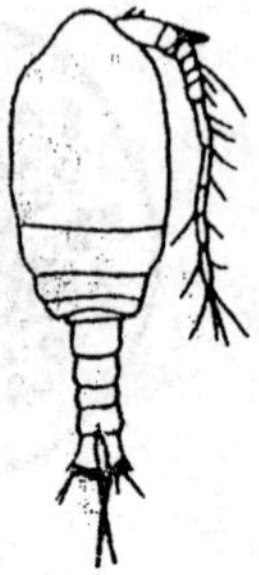

图 8－7　白色大剑蚤

对蝌蚪肠道消化情况的分析结果表明：各种浮游植物中的甲藻、硅藻是蝌蚪容易消化的饵料。所以，硅藻类多的水池对蝌蚪生长有利。但蝌蚪如吃进蓝藻、裸藻或者绿藻等藻类，不仅不容易消化，而且影响生长。因此，要加换新水，改变浮游生物组成。

浮游生物是一些体型小、身体轻、活动能力差、随波逐流的生物。由于个体小肉眼不易见到，只能在显微镜下才能看清楚。但是，在一般情况下可以从池塘水色中来判断某些浮游生物的系列种类。如甲藻繁殖较多时，池水呈现黄绿色或金黄色。硅藻类多的池水呈现黄褐色或褐色。春、秋两季是硅藻生长繁殖的旺季。

根据对天然水域中牛蛙蝌蚪食性转移的研究表明：浮游植物是蝌蚪的开口饵料，当蝌蚪全长达到 1.3 厘米时吃食轮虫，全长 4.0 厘米时吃食枝角类、桡足类以及芜萍等。实际上，蝌蚪爱吃并能很好消化吸收利用的浮游生物，都是天然水域中一些常见的普通种类。但由于受季节和环境因素等条件的限制，不能保证饵料的持久供应。所以，采用施肥培育浮游生物的方法可以获得。利用这类饵料培养蝌蚪，不但能养好蝌蚪，而且还能大幅度降低成本，提高经济效益；而且所培养的蝌蚪个体大、生长快，所以成活率也比较高。

浮游生物，选用土池培育效果较好。池的大小视养殖规模而定。培育用的基肥以有机肥为好，如牛粪、猪粪和鸡粪等，但要经过发酵腐熟，按每亩 50 千克泼洒至池内，或将鸡猪粪用水浸泡后，捞去粪渣，利用肥汁泼洒效果更佳。1 周后，再按上次用量的一半，追肥 1 次，并将水位提高至 30 ~ 40 厘米，经 2 次施肥后，池内的浮游生物便能繁殖起来，水色由清转黄褐色或黄绿色。这时即将肥水（含有浮游生物）定期泼入蝌蚪池中，使其及时吃到鲜活饵料。

水蚤类等浮游动物也是蝌蚪的好饵料，同样可用人工方法进行培育。先到池塘或水沟中捞取水蚤种，放入小面积的水池中进行培育。每天投喂少量豆浆或蛋黄粉作饵料，经过 15 天水蚤大量繁殖后，再投放到肥水池中进行大面积培育。同时，要根据水色情况及时施加追肥。若水色转淡，变淡黄色或淡绿色，应及时追肥（如畜粪、鸡粪、混合堆肥、酒糟、酱油渣、豆腐渣、尿素等）以保证水蚤的产量。

第二节　石蛙活饵料的采集

一、天然饵料的采集

自然界中昆虫的资源是极其丰富的，种类繁多，是石蛙的最佳饵料。其采集方法有以下几种。

1. 手工捕捉

在繁殖季节，组织人力到田间野外捕捉各种害虫，如黏虫、地老虎、棉铃虫、螳螂、菜青虫、豆天蛾等，用来喂蛙，可以变害为利。

2. 纱网捕捉

采集时手持纱网（图8-8），到田野草丛中左右扫动，边走边扫，再将收集到的昆虫用水泡湿，以防逃跑，然后直接投入池中喂蛙。

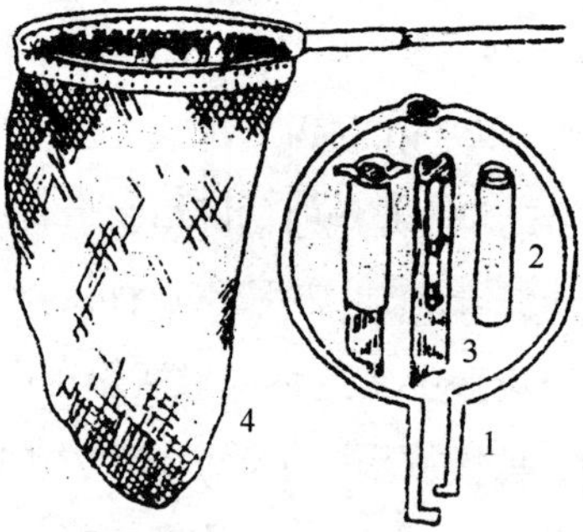

图8-8　捕虫纱网

1. 铁圈网框；2. 网箍；3. 网柄；4. 网袋

3. 灯光诱捕

利用一些昆虫的趋光性，夜间在蛙池周围或附近设置灯光，诱捕昆虫。光源可根据具体情况选用油灯、汽灯、白炽灯、日光灯、黑光灯和高压汞灯等专门设计的诱虫灯。其他光源使用时最好在灯外包一层绿色或紫色透明纸，以增加诱虫效果。高压汞灯与普通白炽灯泡一样，安装使用方便，但耗电量较大。目前，常用20瓦的黑光灯，安装方法及其工作原理与日光灯相似。安装时灯管垂直，上面装有防雨帽，下设集虫漏斗，灯管三面装有玻璃或铝片、铁片、塑料膜等制成的长方形挡虫板（图8－9）。使用其他光源时可参照黑光灯进行。悬挂高度要高于蛙场围墙，以扩大诱虫范围，也可直接悬挂于池水面上方30厘米左右高度处，昆虫落入水中即可被蛙捕食。

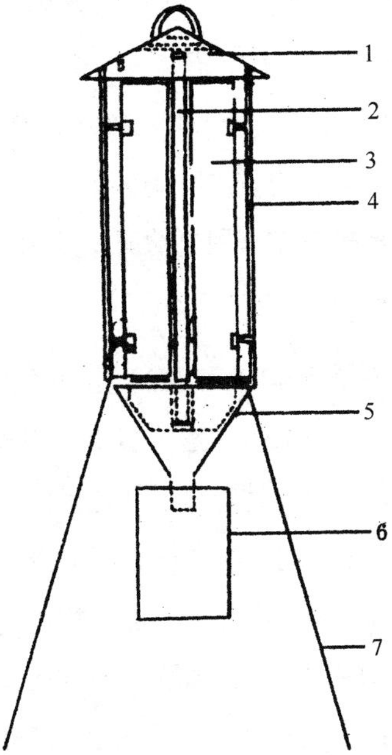

图8－9　诱虫灯

1. 防雨罩；2. 灯管；3. 挡虫板；4. 灯架；5. 漏斗；6. 集中箱；7. 支柱

也有的养殖场，在蛙池上方安装3盏20～40瓦的黑光灯，分上、中、下排列。上方灯要高出围墙1～2米，以引诱池外远方昆虫。下方灯距池水面约 0.3 米，使昆虫扑灯时误入水中，易于被蛙捕食。中间的灯起诱导作用，吸引上方灯附近的昆虫经中间灯到下方灯部位。每盏灯每晚开 6 个小时，约耗电 0.2 度，诱虫范围可达 1 300 ~ 2 000 平方米。

每年从谷雨到霜降时节，20：00—24：00，开灯诱集飞蛾、飞虱、叶蝉等昆虫，待飞来的昆虫较多时，要自上而下依次熄灯，致使昆虫更快、更多地飞落水中。据统计，每盏 40 瓦的黑光灯，5—10 月份每日开 6 个小时，平均每年每盏灯可诱集昆虫 30 ~ 60 千克。诱虫多时每晚可达 0.5 ~ 1.0 千克。

为防黑光灯漏电，应安装防雨装置，电线不得裸露，雨天停止开灯，要经常检查安全用电情况，及时进行维修。

4. 糖醋诱蛾

利用蛾类对酸甜液体的趋向性，可在养殖池周围放置诱虫盆，内装糖醋液，上方加盖纱盖，引诱飞蛾直接被蛙捕食。糖醋液的配方有多种，可就地取材。现提供以下几种配方。

①糖醋液：红糖 3 份，醋 4 份，酒 1 份，水 2 份。

②红薯发酵液：煮熟红薯 3 千克，捣碎，加酵母发酵有酸甜味，加 3 升水调成糊状，再加醋 1 千克。

③牛粪糖浆：牛粪或豆浆 8 份，水 10 份，酒 2 份，醋 4 份，混合发酵后加红糖 1 份。

5. 粉浆液诱蛾

将粉浆或豆腐浆沉淀物加少量酵母，在适温下发酵即可。

6. 其他酸甜液诱蛾

烂果液、酸菜水、榆树皮浆、胡萝卜浆等适量配合其他辅料也可起到诱虫效果。

7. 其他方法诱虫

可在养殖池边种植花草，堆放人畜粪或动物内脏以诱捕蝇类或其他昆虫，供蛙捕食。但此方法要注意环境卫生，尤其不能污染水体。

二、水生动物的采集

1. 水蚤的捕捞

水蚤俗称鱼虫、红虫，是石蛙蝌蚪的优质饵料，广泛分布于池塘、水库、水沟、河流等淡水中。常见的有剑水蚤、长刺水蚤、薄皮蚤和裸蚤等。每天傍晚或黎明时，用浮游生物网(图 8－10)，在水中捕捞，然后投入水池内，让蝌蚪自由摄食。

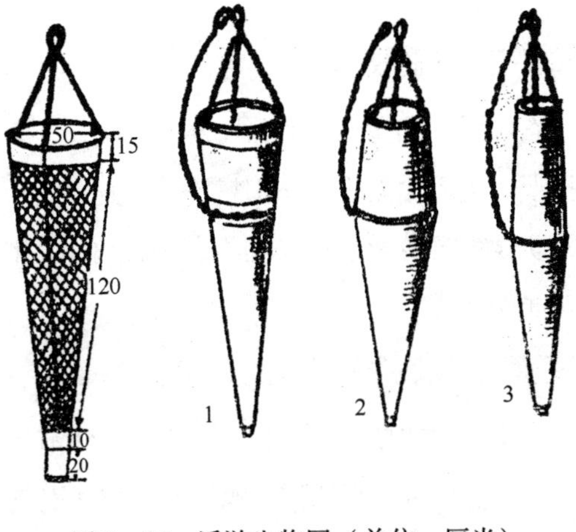

图 8－10　浮游生物网（单位：厘米）

1. 大型；2. 中型；3. 小型

2. 水蚯蚓的捕捞

水蚯蚓多分布于淤泥等肥沃水域中，在地下水沟中特别多，常呈片状分布，采集时将泥连同水蚯蚓一起捞入网中，然后用水洗净淤泥，投喂蝌蚪。

3. 小杂鱼虾的捕捞

在水田、池塘、溪流等水域中常有大量小鱼虾，可用渔网捕捞后投喂。

第三节　七种石蛙动物活饵料的培养

石蛙主要摄食鲜活饵料，不吃死饵（彩照21，彩照22）。因此，在养蛙之前应先培育好活饵料，这是保证养蛙成功的关键。下面着重介绍几种活饵料的培养方法。

一、蚯蚓的培养与采收

蚯蚓是石蛙爱吃的鲜活饵料，属环节动物门，寡毛纲。蚯蚓可直接投喂，也可加工成混合饵料投喂。蚯蚓的营养价值很高，其干物质含粗蛋白质在60%左右，是解决蛙、鳖等动物性饵料的重要途径之一。

1. 蚯蚓的主要形态与养殖蚓种的选择

蚯蚓的身体呈圆柱形，由许多形态相似的体节组成，前端较细，有口，后端稍粗，有肛门。成熟的蚯蚓体表具有生殖器官，如体前部腹面有数对受精囊孔，前端1/3处的体壁呈环状膨大，称生殖带，它能分泌黏性物质，包裹受精卵，形成蚓茧，离开蚓体，落入土中，孵出蚯蚓。此外，体表腹面各有雌性生殖孔 1 个，雄性生殖孔 2 个。蚯蚓都是雌雄同体，异体受精的动物。

蚯蚓分布广泛，种类繁多，全世界已知的达 2 500 种，我国有 150 种左右。但可供人工饲养的种类很少，常见且适宜饲养的有赤子爱胜蚓，日本大平 2 号、北星 2 号等，此类蚯蚓生长发育快，繁殖率高，适宜高密度饲养；另一类是环毛蚓，这类蚯蚓体型粗大，有青色、棕褐色、红色等不同体色，也可作饵料养殖，个体重量大，但繁殖率较低。

蚯蚓的营养价值高。如赤子爱胜蚓，其鲜体含粗蛋白质达 10.19%，无氮浸出物为 3.2%，粗脂肪为 1.47%，并含有石蛙所必需的氨基酸和微量元素。由于蚯蚓用禽粪便等有机垃圾就能生长繁殖，因此，其饲养成本远低于黄粉虫的饲养。按照目前我国的饲养技术水平，每年每平方米大约产蚓 15 千克。

2. 蚯蚓的生活条件

蚯蚓的正常生长、发育和繁殖需要适宜的生活条件。影响蚯蚓生长和繁殖的外界因素除了饵料外，主要包括自然因素和化学因素两方面。自然因素主要包括温度、湿度和光线等。

（1）温度　蚯蚓是变温动物。温度不仅直接影响蚯蚓的体温和活动，而且还会影响其新陈代谢、生长和繁殖。蚯蚓能正常活动的温度范围为 5～30℃，最适宜的温度为 20℃。35℃以上停止生长，40℃时很快死亡，10℃以下活动迟缓，5℃以下处于休眠状态，0℃以下，如无相应的保温措施，会导致死亡。采取搭塑料大棚等保温措施可以延长全年蚯蚓生长、繁殖的时间，可提高年产量。因此，为了保证蚯蚓的正常生长繁殖，夏季高温季节可采取降温措施，冬季寒冷季节则要做好防寒保温工作。

温度对蚯蚓的蚓茧产量有直接的影响。一般蚓茧在20℃时，孵化期为25天，15℃时为34天，10℃时为112天。蚓茧的孵化率也受温度影响，如温度在20℃时，孵化率可达70%以上，但在30℃时，孵化率仅为30%左右（表8－1）。

表8－1　赤子爱胜蚓在不同温度下产蚓茧情况

15天饲养床平均温度/℃	11	13	15	17	18	21	23	33	35
15天20条成蚓产茧数/个	0	21	51	86	73	161	148	31	7

（2）湿度　蚯蚓没有呼吸器官，它主要利用体壁进行呼吸。蚯蚓栖息在潮湿、通气性能好的饲养土中，这种饲养土既是栖息地，又是蚯蚓的饵料。由于蚯蚓怕干燥而喜欢湿润，所以饲养土要保持一定的湿度。适宜相对湿度为60%～70%。测定饲养土的湿度方法很简便，只要抓起一把土用手捏紧不出水，放开手不松散为宜。

（3）光照　蚯蚓怕光，喜阴暗。因此，养殖场要保持阴暗环境，更不能暴露在阳光和灯光下饲养。蚯蚓的栖息深度一般为10～20厘米，夜晚出来活动、觅食。但蚯蚓不害怕较弱的红光。

（4）盐　盐对蚯蚓有毒害作用。

（5）通气　蚯蚓是好氧性动物，要求在通气的环境中进行呼吸。因此，在饲养床内蚯蚓会随着深度的增加而减少，多分布在饵料层15厘米深度范围内。蚯蚓害怕沼气、硫化氢、二氧化碳等有害气体。缺氧或饵料土中废气多会导致蚯蚓逃离或死亡。为此，饵料在使用前必须进行充分腐熟发酵，排净有害气体。要采用薄料多层饲养，饵料的厚度以 15～30 厘米为宜。在黏稠度大的牛粪、羊粪中，要多加粗糠、木屑等草质料，以利于增强透气性。

（6）**酸碱度** 蚯蚓体表分布有化学感应器，对外界环境中的酸碱度很敏感。因为蚯蚓害怕过酸或过碱性土壤，因此，蚯蚓生活的饵料基质应保持中性，避免过酸或过碱。为了使蚯蚓正常生活，一般饵料基质的 pH 值宜控制在 6.5～7.5。

3. 蚯蚓的食性

蚯蚓是杂食性动物，以腐烂的落叶、枯草、蔬菜碎屑、作物秸秆、禽畜粪、瓜果皮、酿酒厂和面粉厂的废渣以及居民点的生活垃圾为食。特别喜欢甜食，比如腐烂的水果，亦爱吃酸料，但不爱吃苦料和有鞣酸的食料。

4. 蚯蚓的繁殖

蚯蚓雌雄同体，需异体交配才能繁殖。蚯蚓一般在 4～6 月龄性成熟，1 年可产卵 3～4 次。每年 3—7 月份和 9—11 月份是蚯蚓的繁殖旺季。以日本大平 2 号蚓为例，在杭州地区，全年每条成蚓约产蚓茧 24 个，每个蚓茧中有 4～10 个受精卵，能孵出 1～7 条幼蚓，在 20～30℃气温条件下，约经 20 天，蚓茧便孵化出幼体。

试验证明，大平 2 号蚓，在我国饲养时，其 1 年繁殖量可达 168 条。这种蚓易于饲养，适应性强，但易退化。因此，要做好提纯复壮，保持优良性状。

5. 蚯蚓的饲养方法

蚯蚓养殖的方法很多，可因地制宜，要以饵料来源广、经济和效果好作为选择的标准。

（1）混合堆肥饲养法 选择温暖潮湿的地方，将各种畜禽粪、作物秸秆、青草、果皮、垃圾泥、锯木屑、米糠等肥料，按粪料60%、草料40%的比例拌成混合堆肥，使含水量为60%左右（湿度适中），堆积成馒头状，再用塑料薄膜等覆盖以起到保温、保湿作用。利用粪料作饵料必须充分发酵，要求达到无臭味、无酸味，略呈咖啡色。这时即可引种饲养，每平方米投放5 000条蚯蚓。在饲料发酵前，先要把稻秆、青草等切碎，果皮等有机物应剁成小块，并除去其中的碎石、玻璃、金属或塑料等杂质，然后堆料发酵。

在饲料发酵期间，要进行料温的检测，当料温升到50～70℃时，就要将堆料翻动1次，捣细团块，补充水分和翻匀，再堆积发酵。一般饲料经3～4次翻松后，料温不再升高，质地疏松无恶臭，pH值达6～7后，即可作饲料利用。饲料床要保持适宜的温度、湿度，及时清除上层蚯蚓粪，采收成蚓。

蚯蚓喜潮湿，所以饲料的含水量一般掌握在40%左右，即用手抓一把饲料挤捏，指缝间有水即可。在温度为20～25℃，湿度为50%左右时，蚯蚓便迅速繁殖生长。在培育期间要不断翻动基肥，并加入适量杂草、木屑等。保持饲料床疏松透气，并适当浇水，底层积水1～2厘米，不宜过多。采收时可利用强光照射饲料床，迫使蚯蚓因避光而钻入下层，便可把上层的饲料铲除，最后将集中在底层的蚯蚓收集起来。也可利用其爱吃甜酸饲料的习性，将旧料推向养殖床中央，两侧堆放几小堆酸甜饵料诱集，过一天后便可翻料捕捉诱集到的蚯蚓。

（2）土（沟）坑饲养法 在蛙池周围，或房屋前后、田边地角等处选择背光、潮湿、排水良好的地方，开挖土坑饲养蚯蚓。土坑呈长方形，一般为长 150 厘米，宽 80 厘米，深 35 厘米。投料前，要先将坑底和四壁打实，再放入各种有机物混合而成的饲料，厚约 30 厘米。每坑投入种蚓 1 500 ~ 2 500 条。之后盖上草帘，再盖上尼龙薄膜，适当控制温度和湿度，使其繁殖生长。同时要定期喷水保温，按时投放饲料。土坑周围要开挖排水沟，防止雨水及地表水流入。此法具有投资少、收入大等优点，适合于小型养殖场推广。

（3）箱式养殖法　这是最常见的养殖方法。箱、筐的制作材料可用木材、竹子、柳条、荆条、藤条、塑料袋等。尺寸大小以 1 ~ 2 人能搬动为宜。养殖箱的规格多样，其长、宽、高一般有下列几种（以厘米计）：40 × 20 × 30、40 × 35 × 30、50.8 × 35.6 × 15.2、60 × 30 × 20、60 × 40 × 20、60 × 50 × 20、60 × 50 × 25 等。筐可以是长方形的，也可以是圆形的，尺寸大小可以和上述箱子相似。箱底和侧面最好要有排水孔或通气孔，侧面有拉手把柄。饲料装量不要超过 20 厘米深，最好是 15 厘米左右。装量太多，通气不良；装量太少，易干燥，蚯蚓饲养量要减少。饲料表面要盖一层塑料薄膜或木板，一则可接露水，二则可减少水分的蒸腾。箱孔的大小以直径为 0.7 ~ 1.5 厘米为宜。孔面积占箱壁面积的 15% ~ 40%，最好为 20% ~ 35%。这些孔除排水、通气外，还可使箱温不致因饵料发酵而过高。同时可使蚯蚓粪逐步掉落，有利于蚯蚓粪分离。所以，箱底地面上最好铺一块塑料布，以便经常清扫掉落的蚯蚓粪。生产量多时，箱子可层叠，立体养殖。这样既节省地面、充分利用空间，又利于观察、通风和排水。为了防止蚯蚓逃逸，饲养室夜间最好要照明。每个箱筐中一般放养1 000～3 000条蚯蚓。在60厘米×40厘米×20厘米的箱中，开始时每箱放养2 000条蚯蚓，在适宜的温度（20℃左右）、湿度（75%～80%）下，养殖5个月后，增至1.8万条。层叠的箱筐上下层之间以及侧邻箱筐之间都要留5厘米空隙，以利于通气。如在室外养殖，要注意遮阴、加盖，以防雨雪和昆虫。底层箱要架高，注意防天敌侵害。这样层叠起来的养殖箱，个把月内不必洒水，饲养湿度仍保持在75%～80%。这种养殖法，占地少，省人力，适用于工厂化生产。它的生产效率比平地养殖要高得多（表8－2）。缺点之一是箱子受潮后易腐烂，因此除提倡用塑料制品外，其他材料制作的箱筐最好采用不影响蚯蚓生长发育的防腐处理。

表8－2　箱式养殖与平地养殖蚯蚓效果的比较（自陈中平）

观察事项	箱式养殖	平地养殖
蚯蚓的增殖率（4个月后）	约为1 000倍	约为100倍
产卵到成蚓所需时间	约为4个月	约为6个月
饵料基本完成粪土所需时间	约为1个月	约为2个月，因不均匀，测定有困难
养殖床的水分/%	75～80，没变动	水分不稳定，分布不均匀，测定有困难
养殖床的温度上升	能保持在30℃以下	因地方的关系，可达到40℃
饵料的堆积状态	2个月后堆积深度为8厘米，很均匀，添加料及处理粪土都很方便	因地方的关系，产生堆积，添加饲料、处理粪土等都很麻烦

（4）**棚式培育法**　棚式培育通常采用跨度为6米、长为30米的拱形塑料大棚，两边各2米为饲养区，中间2米为通道。地面铺以砖头或石块，并用水泥砂浆抹平，再建造大小适宜的长方形饲养床，内堆放厚约20厘米的饵料作基质，底下铺垫一层肥土，表面用稻草编成的帘子覆盖。若生产规模较大，可把几个塑料大棚连在一起。这样既省工、省力，又便于管理。也可以用机械运送饲料。弧形棚顶宜用深色塑料封顶，以免强光照射影响蚯蚓的繁殖生长。棚舍的地点要选择在冬暖夏凉、无直射阳光、不积水而又通风良好的地方。棚内温度应控制在10～30℃，如果棚温达到了40℃，应喷水降温。塑料棚要有通气的门窗，以调节气温和湿度。根据日本目前的生产水平，由8列跨度为6米、长为30米的拱形塑料大棚组成的生产车间，能年产蚯蚓20吨，蚯蚓粪2 000吨，经济效益很好。

6. 蚯蚓的采收

蚯蚓饲养2～3个月后，应及时采收。当蚯蚓达到性成熟，出现环节后，体重增长明显减慢，饵料利用率降低。同时，由于成蚓有不与幼蚓同居的习性，当蚓茧大量孵化幼蚓后，成蚓就会自动迁移分居或逃避。因此，在幼蚓大量孵化前，应及时分离和采收成蚓，以免遭受损失。蚯蚓采收方法很多，但大多根据其生活习性，并运用一些物理或化学的方法驱逐或诱集，或用机械方法采收分离。

（1）**诱饵采捕法**　用孔径为2～3毫米的筛网做成采集筐，筐内放些蚯蚓爱吃的饵料，如香蕉皮、腐熟的水果、西瓜皮、厨房废弃料、浸有啤酒的合成树脂海绵等，然后将筐埋入养殖床（培育基）中，在20℃温度条件下，经过7天左右，即可诱集许多蚯蚓（如放入香蕉皮效果更好）。若放筐时间短，所诱获的主要为大蚯蚓；放筐时间长，则大小蚯蚓均可进入筐内。因此，利用此法可以进行蚯粪与蚯蚓的分离，也可进行大小蚯蚓的分离。

（2）**强光刺激法** 把箱内的培育基（箱式培育）倒于水泥平面或坚硬的地面上，并做成圆锥形的堆，然后在堆的上方用强光照射，迫使蚯蚓在强光刺激下爬到堆中间部位，大约半小时之后，蚯蚓便都爬到堆积物的底部，这时便可将上面的堆积物扒开，即可将蚯蚓捕获。

（3）**翻箱倒料法** 这种方法适用于箱式养殖蚯蚓。由于蚯蚓是一种喜阴畏光的动物。要采收蚯蚓时将培育蚯蚓的木箱置于阳光下曝晒，使蚯蚓在强光或高温的影响下纷纷钻入箱子底层，然后将木箱翻转倒出箱内饵料，这时钻入箱底的蚯蚓便暴露在眼前，即可用手捕捉。

7. 蚯蚓的饲养管理

（1）**分龄饲养** 幼蚓个体小，食量少，活动能力弱，投放密度可适当高一点，每平方米可养 5 000 ~ 10 000 条（大平 2 号、赤子爱胜蚓等），饵料厚度为 8 ~ 10 厘米。幼蚓取食饵料，经过 10 ~ 15 天后，大部分饲料被吃光时，要及时清除蚓粪，并添加新饲料。方法是将幼蚓和剩余饲料移至蚓床的一侧，然后在空位添加新料，再将幼蚓和剩余饲料铺在新料表层。在饲养过程中，种蚓不断产出蚓茧，孵出幼蚓，使密度不断增大。因此，要定期进行分龄饲养，以减少因种群过密和新老不平衡所造成的损失。

（2）**保持湿度** 蚯蚓喜潮湿怕干燥，饲养床的绝对湿度应保持在37% ~40%。因此，必须定期洒水保湿，但底层不能积水。一般每隔3 ~5 天洒水1 次。冬季气温低，可减少洒水次数，每隔1 天洒水1 次；夏季炎热，水分蒸发快，可在早晚各洒水1 次。此外，洒水时最好使用喷雾器，这样可控制喷水量，使水洒得更均。

（3）饵料投喂 通常每月投料2 次，除粪取蚓茧或倒翻饲床3 次。投饲方法有3 种：一是上投法，当饲料床表层的饲料已粪化时，将新饲料直接撒在饲料床上面5 ~10 厘米厚；二是下投法，把原饲料从床位推向一侧，同时将新饲料铺在原来床位内，再将原饲料（连同蚯蚓）铺在新饲料之上；三是侧投法，将新饲料投放在原饲料床两侧旁，经2 ~3 昼夜或稍长时间后，成蚓很快会转移到饲料中，而幼蚓进入慢且少，原饲料中的蚓茧继续孵化。

（4）保持饲料床含氧量 蚯蚓耗氧量较大，需经常翻动饲料床使其疏松，或在饲料中掺入适量的杂草、木屑等。如饲料床厚，可用木棍自上而下戳洞通气。

（5）病害防治 蚯蚓很少发病，但如基质受到化肥或农药等的污染，或吃进过多发酵不全的有机物，就会发生食物中毒，出现体表黏液增多，环节红肿、痉挛弯曲、变短变粗，直至体躯变黑而死亡。此外，当致病菌在体内大量繁殖时，往往出现拒食、拉稀粪等症状。

防治措施：一是饲料要长时间堆沤，使其充分发酵，排出有毒气体，减少含蛋白质多的饵料；二是在调配好的饵料中，加入0.01% 土霉素，或定期用10 毫克/升的土霉素液喷洒饲料床，进行消毒杀菌。

蚯蚓的敌害很多，常见的有黄鼠狼、蛇、蚂蟥、蚂蚁、鸡、鸭、田鼠、蛙类、蝼蛄等。预防方法：一是在饲养前将房舍、用具用生石灰消毒，杀灭各种有害昆虫，同时堵塞各种洞穴，防止老鼠、蛙类等敌害进入；二是堆沤饲料时，拌入5%的生石灰，把附于饲料中的各种害虫、细菌杀灭；三是在饲料床四周撒上生石灰，防止害虫进入；四是在饲料中切忌加入盐和化学药品，因这类物质对蚯蚓有害。

二、蝇蛆的饲养

苍蝇的幼虫叫蝇蛆。蝇蛆体内含有丰富的蛋白质和动物必需的氨基酸、维生素和无机盐等营养物质，它皮肤软、个体小，是石蛙喜食的一种鲜活饵料。它的营养价值、消化性和适口性相当于优质鱼粉。据测定，鲜蝇蛆含粗蛋白质12.9%，粗脂肪2.61%。由于饲养蝇蛆的技术成熟，设备简单，繁殖率高，营养价值与蚯蚓相当。因此，饲养蝇蛆是解决石蛙活饵料的一条重要途径。

1. 蝇蛆的形态习性

苍蝇属节肢动物门、昆虫纲、双翅目的完全变态昆虫。苍蝇分头、胸、腹3部分。胸部有3对足，1对翅。腹部呈椭圆形，正中有宽的黑色纵纹。全身灰黑色，背部有4对黑色纵纹。腹部灰黄色，雌体腹部末端有一圆锥形产卵器。体长为6~7毫米。刚孵出的苍蝇只会爬，不会飞，经过1个小时后，才会飞动，并开始吃食、饮水；再过5天，就可以进行繁殖。

苍蝇生长繁殖速度比蚯蚓快。1只雌蝇一生可产卵1 000粒左右，生活周期（从卵孵化为蝇蛆，到蛹羽化苍蝇开始产卵的时间）为 15 天左右。但粗放养殖时，控制不好则易变为苍蝇。笼养成本极大高于蚯蚓。但由于蝇蛆繁殖快，营养价值与蚯蚓相当，因此仍是石蛙饵料的重要来源之一。

苍蝇多在室内栖息活动，为杂食性，最爱吃的食物有带甜味的糖浆、牛奶等，还有腥味的鱼类、臭味的腐败肉类、粪便、瓜果、垃圾、氨水等。气温条件是影响苍蝇生活、生长、繁殖的重要因素。

2. 苍蝇的生活史

苍蝇的寿命很短，一般只有 30～60 天。苍蝇的一生经过 4 个发育阶段，即卵、幼虫、蛹、成蝇。是属于完全变态的昆虫（图 8－11）。

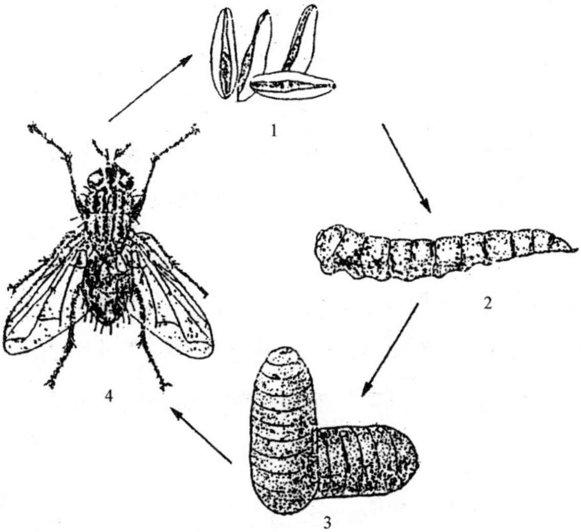

图 8－11　苍蝇的生活史（放大）

1. 卵；2. 幼虫；3. 蛹；4. 成蝇

（1）卵　苍蝇的卵长椭圆形，似香蕉状，呈白色或乳黄色，长约为 1 毫米。刚产下时，常十几粒或几十粒相互黏合成卵块。卵壳背面有 2 条脊，脊间软薄，孵化时卵壳在此处开裂。每克卵有 1 万多粒。在室温为 25～35℃时，16 个小时可孵出幼虫。一般每克卵可孵出幼虫（蝇蛆）重约为 400 克，增速近 500 倍。

苍蝇喜欢在湿度较大（65% 左右），有机质丰富的牛粪、猪粪、鸡粪、腐败的鱼、肉、腐烂的垃圾中产卵。在适宜温度为 25～28℃时，在相对湿度为 65% 的条件下，卵的孵化期为 8～12 个小时，幼虫生长良好。

（2）幼虫　刚孵出的幼虫，灰白色、呈蠕虫状，有明显体节，长约为 12 毫米，前端稍尖，向体后逐渐粗钝。幼虫喜潮湿，畏强光，平时多钻入饲料层内取食，食欲很旺，昼夜不停地边蠕动边摄进畜、禽粪便等，生长速度很快。在气温为 25～32℃和相对湿度为 65% ～75% 的条件下，经 3 次蜕皮，体长可达到 10～12 毫米，即可抓紧时间采收利用。否则，大量变为成蝇，影响环境卫生。

（3）蛹　蛹呈桶状，长约为 6.5 毫米。初期呈淡黄色，后颜色渐深，最后呈栗褐色。大约 3 万个蝇蛹重约为 500 克。如果蝇蛆一时过剩，可以采收蝇蛹，烘干磨粉后，供蜗牛、鹌鹑等食用。

适宜于蛹发育变态的温度范围是 15～38℃，最适宜温度为 20～25℃，适宜湿度为 50% ～60%。在最适温度、湿度条件下 4～7 天发育为成蝇。

（4）成蝇　从蛹变态为蝇的过程叫羽化。羽化 2～3 个小时即能采食，采食后就能飞行。采食后5~6天便开始交配产卵。交配1次，雌蝇就可终身产出受精卵（一般寿命为30天）。雄蝇交配后逐渐死亡。雌蝇交配后便可产卵，每次产孵100~150粒，一生可产4~6次。一般人工饲养，1只网笼可养1万只蝇，每天可产卵1.0~1.5克，可培育蝇蛆400~600克。

苍蝇的活动受温度的影响。在气温4~7℃时，苍蝇仅能爬行；10~15℃时，能爬动又能起飞，但不能取食、交配和产卵；20℃以上时活动比较频繁；30~35℃时活动最频繁；35~40℃时处于静止状态；45~47℃时趋于死亡。关于苍蝇各发育阶段对温度的要求见表8-3。

表8-3　苍蝇各发育阶段的适宜温度

发育阶段	生活温度/℃		
	最高温度	最低温度	适宜温度
卵	40	5	25~33
幼虫	47	10	25~43
蛹	38	0	22~30
成蝇	45	10	24~30

3. 蝇蛆的培养

蝇蛆的培养方法有三种：一是土堆育蛆法，二是蝇笼育蛆法，三是缸盆育蛆法。

（1）土堆育蛆法　用发酵过的鸡粪、猪粪或食品厂的下脚料（如酒糟、酱油渣、醋糟）、屠宰场的下脚料等，摊于地上，诱集自然界的苍蝇在其上产卵。一般每千克料在7天内可收获150克左右的蝇蛆。采用此法的关键是要及时收获蝇蛆，及时拿去喂蛙。否则，人工生产的大量苍蝇飞出养蛙场，将给人们带来极大危害。也可把培养蝇蛆的料放入筛内，将筛放在容器之上，或挂于养蛙池水面上方30厘米，利用蝇蛆的避光性与钻孔性，从筛上钻出，落入容器内或饵料台上，成为蛙的活饵料。

（2）**蝇笼育蛆法**　用铁条做若干个长为60厘米，宽、高各为40厘米，四周用尼龙窗纱密封的蝇笼，笼的一侧开一个直径为20厘米的圆洞，用一个两头空的布筒，一端缝在洞边上，供添加培养料用。每笼可养种蝇约1万只。

种蝇的饵料为奶粉、红糖。每1万只种蝇每日用奶粉5克、红糖5克，以适量的水煮沸，凉后装入一个小盆内，其中放几根短稻草，供种蝇舐吸。另用一个较深的小盆或碗，内装含水量70%的麦麸或米糠，放在笼内供种蝇产卵用。在24～33℃条件下，雌种蝇每只每次产卵约为100粒，卵呈块状。每天从蝇笼内取出有卵的麸、糠料，放在育蛆料（鸡粪与猪粪的比例为1∶2）上孵化，料厚约为7厘米，湿度约为70%，温度为18～33℃，经3～22个小时可孵出幼虫。4～5天后幼虫吃粪料后生长至化蛹前，即可采收。每500克粪料可养出蝇蛆约10 000条，平均每条重为20～25毫克，总重为200～250克，即料蛆比约为2∶1。

种蝇一生产卵5～6次，7～10天后即开始衰老。此时可将蝇笼用热开水处理，杀死衰老的种蝇，然后再装入新种蝇。

（3）**缸盆育蛆法**　将动物尸体或内脏放入缸盆等容器中，引诱苍蝇产卵。在30℃下，4天左右即有大量蛆长成，便可挖出喂蛙。

三、福寿螺的养殖

福寿螺原产于南美洲亚马孙河流域，是一种优良食用螺。其肉质爽嫩，味鲜美，营养价值高，并具有生肌滋阴补肾的功效，为目前宾馆、酒家中的上等佳肴之一，也是石蛙的优质鲜活饵料。

福寿螺个体大，生长快，生命力和适应环境的能力都很强，能大面积高密度专业养殖，也能在家庭水体中业余饲养。浅水的慈姑地、稻田、小水池以及深水的藕塘、水渠，都是它们的生长地。夏天水温高达 34℃ 也能正常生长，冬天水温稳定在 8～10℃即可安全越冬。

1. 福寿螺的形态特征

福寿螺的第一螺层较田螺大而扁，似苹果，故又称苹果螺。从螺口看很像田螺。小螺第一螺层背面中部有一大“气泡”，借助于浮游与呼吸。成螺渐转化成鳃。幼螺体呈灰白色，小螺为金黄色，成螺转变成黑褐色或略带黄色。螺体缩在壳中，螺层口有厣保护。头部与腹足能伸出壳外游动觅食，头前端有 1 对触手，后端有 1 对触角，左侧有生殖器。成螺雌雄异体，两性异形。

2. 福寿螺的生活习性和食性

福寿螺喜生活于新鲜清洁的水中，能用腹足在水底、水中游泳。群体喜集群栖息于池边、浅水处及进水口，或者吸附在水中的竹木棍棒和植物茎叶的阴面，也可离开水域生活。食性为杂食偏植物性，主要食浮萍、蔬菜、瓜类、水果，也食玉米糠、麸皮及少量的禽畜粪肥、腐殖质、腐尸等。幼螺以食细萍、腐殖质、玉米糠为主。

在饲料充足的条件下，饲养1年，个体可达到300～400克。一般养3～4个月的雌螺就开始交配产卵。雌螺产卵时绝不能在水中进行，只能晚上爬到离水15厘米以上的干燥处的池边，在竹、木棍或大型水生植物的茎叶上产下卵块并黏附在这些物体上。1只成熟雌螺，每隔5～10天产下1个卵块，内含50～200个卵粒。每次产卵时间20～90分钟。产毕，缩回腹足，跌落水中。气温在28～34℃、相对湿度在68%～75%时，卵的孵化期为4～7天。刚破膜而出的小仔螺就开始爬行，跌落水中后群集到池边浅水处，或爬到离水面2～3厘米处的潮湿地、水生植物上，以逐渐适应水中生活。

3. 种螺的养殖

螺苗经45天的培育，一般能分辨出雌雄。雄螺的厣边缘反入螺足（即厣中间稍凸），雌螺的厣边缘反出足外（螺厣中凹）。螺体达到3～4厘米，螺壳尚未变黑呈透明时，雄螺第一螺层的右侧中部有一淡红色点，为精巢，雌螺则没有。根据这两个特点，可选择个体大、螺壳完好的成螺，按雌雄比例为（2～4）∶1，密度为每平方米100～250个，放入土池、水泥地、慈姑田饲养。

为了操作和观察方便，可把池子整理成宽为1.5米左右的畦形坑，水深保持在30～50厘米，畦边四周和中间应插上竹木片，高出水面30～50厘米（如水里种上了野水芋头或慈姑，就不必插竹片），为母螺产卵之用。为防止母螺从水中爬出产卵时被老鼠蚕食，在池边四周围筑竹篱，篱内外披塑料薄膜，既防老鼠钻入，又防福寿螺爬出池外。

每天投喂足量的青饵料（蔬菜、青萍、瓜类及其嫩叶）和适量的精饲料（玉米糠、麸皮、豆饼等）。精饲料投量为每平方米 50～100 克，撒在青饵料的四周池边。精饲料投量绝不能过多，以免多余饲料发酵恶化水质。最好每天捞除残饲。喷洒过农药的干饲料必须洗涮清洁后才能投入。一般每 2～3 天冲水 1 次。或者有洁净的细水长流更好。

饲养了 3～4 个月的种螺体重可达 150 克左右，开始自行交配繁殖。雌螺头天晚上产下的卵块，应在第二天黏液尚未完全干时剥离下来，集中放置在 0.5～1.0 厘米的疏孔竹筛箱上孵化。如过早剥离，容易弄破卵粒。收集卵块另池孵化的好处是避免小螺苗出膜后附在饲料上，被大螺吃掉，降低成活率。

4. 卵块孵化及幼苗的培育

把放置着卵块的竹筛、网箔架于高出水面 30～50 厘米处，上面再盖上茅草和塑料薄膜，避免阳光直射和雨淋。温度在 28～30℃时，经 7～10 天孵出小螺，跌入水中，两天后，螺顶由红色转变为黑色时开始摄食。开始主要投喂细萍和糠、腐殖质等，4～5 天后增投些豆饼粉，洒在青饲料上。投饲方法掌握量少次多，防止水质恶化，每隔 1～2 天冲洒水 1 次。经 10～20 天喂养，螺大 1 厘米以上时应稀疏分池饲养。

5. 肉螺的养殖

肉螺的养殖与种螺基本相同，但为了提高单位产量，并在短期内养成上市，要做好三件事：一是实行畦坑式分级饲养；二是整个饲养阶段，特别是小螺阶段，饵料不能间断；三是到一定时间，雌雄螺分养。分养的好处是雌螺很少产卵甚至没有卵，生长速度明显加快。

具体做法如下：在稻田或慈姑田养殖的，把养殖范围内的稻田整理成宽为2～3米的长条形畦坑，水深一般为30～60厘米，中间每隔30厘米左右放些竹片、条棍等供螺吸附。放养密度以幼螺全部浮于水面觅食时略有空隙为宜，随着成长，把个体大的挑出另池饲养。经2～3个月的饲养，能区别雌雄个体时，选出雌螺，雌雄螺分开饲养。为防敌害和爬失，小池周围也应围篱，篱高为80～100厘米，外罩薄膜。经4～5个月的养殖，个体增大，便可出售。此时，如果螺壳尚未变黑，转硬，增厚，可再养一段时间，以提高个体重量。

6. 福寿螺的越冬

因福寿螺的耐寒能力较差，当水温在8℃时便进入休眠状态，水温降至0℃时，持续3～4天便陆续死亡，且螺体越大，耐寒能力越差，死亡率也越高。因此，冬季来临，水温降至10℃时，就要做好越冬保暖工作。越冬的方法很多，常用的有池塘越冬、深水井越冬、温泉越冬和室内越冬。其中以室内越冬效果较好。室内越冬的方法是：在室内建水泥池，池底铺10厘米厚的淤泥，保持水温在10～12℃，适当投喂饲料，每周投喂1～2次，并适时换水，防止敌害。冬季气温降至10℃以下时，池面上要用塑料薄膜覆盖，晴天将池水深度放浅至15～30厘米，利用阳光升高水温，至晚上加深水位至50厘米以上，以利于保温。在南方地区，气候暖和，气温最低为7～8℃时，螺种可自然越冬。

四、黄粉虫的饲养

黄粉虫又称面包虫。它原本是一种粮食仓库的害虫，经过人工选育成为动物活性饵料。其分布很广泛，在野生状态下，常以潮湿的粮食、油料、鱼粉、羽毛、干鱼、干肉为食，并能食虫尸、鼠类等。

黄粉虫的营养价值很高，是蛙类（特别是幼蛙）的适口饵料（彩照23），也是养蝎、养鱼鳖、养鸟的优质饵料。据分析，其蛋白质干粉含量高达47.68%，脂肪为28.56%，碳水化合物为23.76%。此外，还富含磷、钾、铁、钠、钙等多种微量元素，以及动物所必需的8种氨基酸，被誉为"蛋白饲料宝库"。实践证明，饲养黄粉虫，不仅繁殖快、饲养简单，而且成本也比较低，平均2.5千克麦麸可培养1.0千克黄粉虫。由于黄粉虫有翅不会飞，幼虫会爬，不会钻洞。因此，易被石蛙发现和捕食。

1. 黄粉虫的形态特征与习性

黄粉虫属鞘翅目中的一种昆虫。成虫体长为14~19毫米，全身赤褐色，富有光泽，第一对翅是坚硬的鞘翅。幼虫棕黄色，喜食麦麸、米糠、青菜叶等饲料。它的一生要经历卵、幼虫、蛹和成虫（甲虫）4个时期（图8-12）。

（1）卵　卵粒很小，呈乳白色，椭圆形，大小像芝麻。卵的长径为1.0~1.2毫米。卵壳很薄，易碰破。卵期长短与温度、湿度有关。在室温为26~28℃条件下，约经7天便可孵出幼虫。温度18℃时为14~21天。

（2）幼虫　刚孵出的幼虫呈乳白色，体长为0.5~0.6毫米，长筒状，直径为3毫米，具有3对胸足，体节较明显，第九腹节有1双尾突。幼虫平均9天蜕皮1次，每蜕1次皮长大1次。到末龄幼虫时，体表黄褐色，长为2.5厘米左右，由13

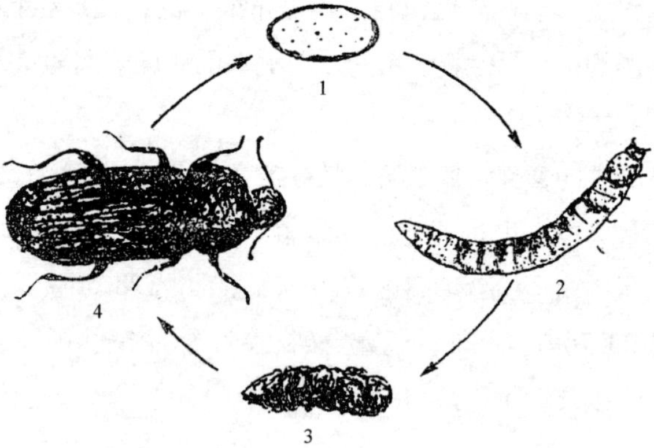

图 8－12　黄粉虫的生活史（放大）

1. 卵；2. 幼虫；3. 蛹；4. 成虫

个体节组成。头较小而扁，有触角 1 对。第二至第四体节上长有 3 对足，末节锥状，稍往上翘。第七次蜕皮时即变成蛹。

幼虫的生长取决于温度、湿度和饲料条件等因素。幼虫对温度的适应范围为 16～30℃，相对湿度为 60%～70%。12℃以上可活动吃食，低于 20℃生长缓慢，30℃时生长迅速，超过 35℃或低于 2℃有被热死或冻死的现象。幼虫喜群居，活动力强，缺食时互相残杀，还会咬死蛹。

如果有条件，使温度控制在 25～28℃，相对湿度在60%～70%，则幼虫期可控制在 2～3 个月，虫体长 3 厘米左右。每千克虫体约有 1 万条幼虫。在温度 25℃条件下，相对湿度为 30%时，12 周内幼虫个体增重 3～18 毫克；相对湿度为 50%时，幼虫个体增重 3～38 毫克；相对湿度为 70%时，幼虫个体增重 3～68 毫克；相对湿度为 70%以上时，幼虫个体增重缓慢。

（3）蛹　幼虫经两个半月生长发育成为蛹。蛹体长为15～20毫米，头大尾小，体软，体两侧长出棱角，犹如锯齿。体色初期呈乳白色，逐渐变成淡黄棕色。头节大，且光滑，其上有1对黑色的眼点。蛹期长短也与温度和湿度有关。温度25℃、相对湿度30%时，蛹期10.5天；温度25℃、相对湿度70%时，蛹期8天；温度35℃、相对湿度70%时，蛹期4天。

在室温为26～28℃，相对湿度为50%～70%条件下，约经8天蛹蜕变为成虫。

（4）成虫　成虫体长而扁，长为15～20毫米。初羽化时，鞘羽软薄，呈白色，2～3天后变黑褐色，具金属光泽。成虫腹面呈赤红色，有3对步足。鞘翅背后有明显的纵行条纹如同小麦叶的叶脉。静止时鞘翅覆盖在后翅上。后翅为膜质，有翅脉，纵横折叠于鞘翅下。成虫虽然有翅，平日极少飞行，但个别的成虫当气温达到25℃以上时，也会飞出培育槽。因此，当气温达到20℃以上时，就得在培育槽的顶部加盖网罩（用蚊帐布即可）。末端是交配器和生殖孔。成虫羽化后4～5天开始交配产卵。成虫的交配活动不分白天黑夜，一般情况下，晚上交尾产卵最盛。交尾时，雄虫爬到雌虫背上，两尾相交，一次交尾几个小时。成虫期间，多次交尾，多次产卵。每次产卵8～15粒，每只雌成虫一生可产卵30～350粒，多数雌成虫可产卵150～200粒。成虫的寿命一般为3～4个月。产卵期约为60天。卵的孵化时间，随温度高低不同而有较大的差异。当温度为10～20℃时，经20～25天即可孵出幼虫。为了缩短卵的孵化时间，可人为地控制孵化室的温度。

2. 黄粉虫的饵料

黄粉虫为杂食性昆虫。以投喂麸皮、米糠、玉米粉为主，适当加喂鱼粉、豆饼粉、菜籽饼粉、棉仁饼粉，各种青菜叶、桑叶和各种瓜果皮等。成虫产卵期应增添鱼粉，幼虫仅用麸皮，再加些青饵料即可，也可采用多种饲料配比（表 8－4），以提高黄粉虫产量。

表 8－4　黄粉虫混合饵料组成表

饲料种类	配比量/克	饲料种类	配比量/%
麸皮、米糠	270	钙片	2.5
小麦粉	690	盐	2.5
酵母粉	35	–	–

注：可适当把菜叶、水果下脚料等切碎，覆盖在培养基上，供采食。

3. 黄粉虫的饲养

（1）饲养设备　黄粉虫的饲养设备简单，面盆腔、缸、木箱、纸盒、砖池等容器都可使用。但要求内壁光滑，深度在 15 厘米以上，防止幼虫爬走。饲养成虫的网筛盒，由上、中、下 3 层组成。下层为接卵层，大小不限，用一块纸板或三合板做成，板上放 1 张黑色纸。中间层是 1 只高约 10 厘米的圆形或方形筛子，用孔径为 10 目的网筛片做底，网筛直接与下面的黑纸相贴。这样当成虫产卵时，卵粒通过网孔，直接产在黑纸上，不致被成虫吃掉。中层是成虫生活、觅食、产卵的场所。饲料直接撒在网筛上，饲料层不宜太厚，薄薄一层即可。否则，产下的卵会黏附于黑纸上。网筛盒的上层为防逃层，是用透气的塑料窗纱做成的盖子，既可防虫外逃，又能起到防敌害的作用。

（2）选择种虫　种虫一般从市场选购。老龄幼虫、蛹和成虫均可选作种虫。老龄幼虫要挑选虫体大，爬行快，健康无病的。要是以成虫作为种虫，应采购由棕褐色将要变成为黑色的，因这种成虫饲养7天后便开始产卵，且产卵期较长。但如购入黑色的成虫，则很难保证其产卵期的长短，也许购进的是已经终止产卵的老成虫。引进蛹作种虫，虽有管理方面和投产快的优点，但羽化率难以保证。

（3）成虫饲养　在成虫入盘之前，要先垫上黑纸片，在纸上撒上1～2厘米厚的麦麸，放入少量瓜果皮、桑叶等青饵料。在转移成虫时，要注意掌握成虫的放养密度，一般每平方米可放入4 000～5 000只，雌雄比例为1∶1。在适宜的温、湿度条件下，羽化后的成虫经5～6天后进行交配产卵，以后每隔6～10天再产1次卵。因为成虫个体间的产卵时间不一致，所以几乎每天都有成批的成虫交配和产卵。如果成虫培育槽中的饲料层较薄，就会有95%以上的成虫将卵直接产在饲料下面铺的黑纸上。这种带卵的纸叫卵箔。每隔3～5天用鸡毛翎扫开一些饵料，观察卵箔上卵的密度。如果发现每平方厘米卵箔中有5～10粒卵，便可将饲料和成虫移开，把卵箔抽出，转移到幼虫培育槽中，让其自行孵化。然后在原成虫培育槽中重新铺上黑纸，将原料和成虫放回，让其继续产卵。产卵盛期每隔3～4天换1次卵箔，平时每5～7天取1次卵。每次取卵后，都要给成虫添加精饲料和青饲料，但投放菜叶不要太多，否则菜叶干了，成虫不会吃。大约每隔10天，给成虫彻底换料1次。换料时，应用密筛筛出精料中的虫卵，放入孵化槽中孵化。

成虫连续产卵3个月后，雌虫会因衰老而逐渐死亡，未死亡的雌虫产卵量也会明显下降。因此，成虫饲养3个月后，就应主动淘汰，用来投喂成蛙或种蛙。

（4）幼虫饲养　采用三合板制的盒子最适合饲养幼虫，便于搬动，可以一层一层相叠。盒子大小不限，盒边高为10～15厘米，内壁要光滑，防止幼虫外爬。上层要有网盖。在盒底面撒上用纱网筛过的细麸皮和其他饲料，再将虫卵（卵箔）或幼虫放入，然后在上面盖上菜叶、桑叶等青饲料，让幼虫生活在麸皮、菜叶之间任其采食。所投的精饲料要求新鲜，不能霉变，最好在使用前在烈日下翻晒，或经高压消毒后再投喂。青菜、瓜果皮等青饲料也要洗净晾干后再投喂，同时还要防止残留农药对幼虫的危害。青饲料要晾干水分后投喂，不要把水分带入容器内，以防止饲料发霉。在饲养期间，要经常检查，及时添补饲料和清除残食、粪便。在幼虫生长发育期，还应添加适量鱼粉，以补充营养。饲养室的温度应保持在25～30℃，室内相对空气湿度以50%～60%为宜。为保持幼虫对水分的要求，在夏季应多投多汁饲料，并要经常用手翻动饲料，帮助散热，促使幼虫生长。

在培育幼虫的过程中，因孵化时间不同和生长速度不一致，常出现大小不整齐的现象。因此，在过筛中应尽可能把不同规格的幼虫分开培育。幼虫的放养密度可参考表8-5。后期的幼虫每千克有3 000条左右。一般每平方米培育槽中可产幼虫1.5～2.0千克。一个20平方米的培育房，采用3排4层立体生产，能安放48～50平方米的培育槽，一个周期可产幼虫

75～100 千克。

表 8－5　黄粉虫幼虫放养密度

规格/毫米	放养量/（万条·米$^{-2}$）	规格/毫米	放养量/（万条·米$^{-2}$）
小于 5	10	15～20	3～4
5～10	7～8	20～25	2～2.5
10～15	5～6	25～30	1～1.5

若饲养室内空气过分干燥，应在室内喷些凉水，以降低温度、增加湿度。在梅雨季节，饲养室内湿度过大，饲料容易霉烂，应经常打开窗户通风。在冬季，应适当减少青饲料，同时应关闭窗户在室内加温。黄粉虫不喜欢光照，在室内应经常保持阴暗的弱光。

要加强病虫害的防治。室内湿度达 70% 以上，容易患霉菌病和螨虫病，要注意通风，适当降低温度，饲料要干涸，同时防止老鼠、家禽、蚂蚁等危害。另外，在饲养室内不要堆放化肥、农药等有异味的物品，更不能让其接触虫体。

（5）蛹的饲养　幼虫长到 3 厘米左右时就会变成老熟幼虫，进入化蛹阶段。刚化出的蛹呈银白色，很快会变为淡黄褐色，此时应及时把蛹从幼虫中拣出来分开管理。对拣出来的蛹可直接放入产卵箱内管理。蛹不吃食，只要调节好湿度，不要让蛹霉变。蛹经 2 周后便可羽化成成虫，此时可适当投入一些饵料供其取食，同时在产卵盒下垫上带有麸皮的容器和报纸，以供采集虫卵用。成虫产卵时，卵从网空中落入底下的麸皮中。一般接卵麸皮放入饲养容器中，通常在室温为 26～28℃，湿度为70%～80%条件下，7天便可孵出幼虫。湿度越低，孵化时间越长。天气干燥时，可放些青菜叶盖在蛹的上面，或洒入少量的水，以便蛹能顺利羽化成成虫。黄粉虫的蛹大小不一，应把个体大、光泽亮的挑出来作种蛹，一般留30%～40%的种蛹即可满足繁殖的需要，把个体小、瘦弱的蛹作饲料处理。

4. 黄粉虫的病害防治

黄粉虫的抵抗能力强，很少发病，但也有发病的情况出现，如患软腐病、干枯病等。

（1）软腐病　软腐病为细菌性疾病，多发生在梅雨季节。主要是因空气湿度大，青饲料投放过多；或在过筛时用力过大使虫体受伤，或幼虫被咬伤，或细菌感染所致。发病幼虫行动迟钝，食欲减退，粪便清稀，虫体逐渐变黑变软，最终因霉腐而死亡，或因无力蜕皮衰竭而死。

防治方法：发现病虫，及时拣出，以防止互相感染。暂时停放青饲料，清理残饵和粪便。调节好室内湿度。保持适宜的密度。过筛时，动作要轻，防止虫体受伤。发病时，用0.25克金霉素粉拌入0.5千克饲料中投喂。

（2）干枯病　此病一般在幼虫和蛹中发生，尤其在高温干燥的季节更易发生。患病的虫体从头至尾干枯，尔后整个虫体枯死，死后体色变黑。

防治方法：及时投喂多汁青饲料。在高温季节在地上洒些水，以调节湿度和降低温度。

五、草履虫的培养

草履虫是原生动物门纤毛纲的单细胞动物，个体长约为

0.1 毫米，在水中生活。以肉眼仔细观察，草履虫像是悬浮在水中的白粉笔末；用显微镜观察，形似倒置的草鞋。草履虫个体虽小，但可用作石蛙幼蝌蚪的优良饵料。

草履虫一般采用稻草浸水培养。取新鲜的稻草（旧稻草也可），选择近根中的几节（此处常黏附有草履虫的休眠包囊），剪成 1.5 ~ 2.0 厘米长，再将其揉成或砸松软后浸入缸或池水中。稻草与水的比为 1∶5，浸入量以水不溢出缸口为准。再在缸、池口上盖一清洁的塑料布，以防杂物及灰尘落入。在水温 20 ~ 24℃、光亮的环境下，数日后即可见水中悬浮着大量的草履虫。此时起，每天可舀取 1/4 的稻草液（内有草履虫）倒入蝌蚪池作饵料。快舀完稻草浸液之前，还可加入水继续浸泡稻草，如此可重复培养和使用几次。

在天然池塘、水沟或水坑中，浸泡有稻草、麦秸或其他植物秸秆的，也有大量的草履虫或其他单细胞动物生长繁殖，一般也可采收充当蝌蚪的饵料。

六、水蚤的培养

水蚤俗称红虫、鱼虫。水蚤不仅含有较高的蛋白质（干物质中含蛋白质 40% ~ 60%），还含有鱼类营养所必需的重要氨基酸，而且其维生素及钙质也颇为丰富，是石蛙蝌蚪培育阶段的理想活饵料。

1. 蚤种的来源

用于人工培育的蚤种应选择生态性强、繁殖率高、体型较大的种类。一般水温达 18℃以上时，一些富营养的水体中，经常有水蚤大量繁殖，早晚群集时可用浮游生物网捞取。在室外水温低，尚无水蚤大量繁殖的情况下，可挖取过去有水蚤繁殖的池塘底泥，其中含有大量休眠卵（冬卵），移入室内给予适宜的条件，也可获得蚤种。

2. 培育条件

适宜水蚤繁殖的水温为18～28℃，大多数种类在pH值为6.5～8.5的环境中均可生活，最适pH值为7.5～8。水蚤对环境中溶氧变化有很大的适应性，培育时池水溶氧饱和度以70%～120%最为适宜，有机耗氧量应控制在20毫克/升左右。

水蚤对钙的适应性较强，但过量的镁离子（大约为50毫克/升）对它的生殖有抑制作用。人工培育的水蚤类均为滤食性种类，其理想的食物为单细胞绿藻、酵母、细菌及腐屑等。

人工培育水蚤的工艺简单，效果显著，但种群的稳定性仍难以控制，甚至在短时间（一昼夜或几个小时）内会发生大批死亡。为了便于管理，培育池面积宜小而数量宜多。

3. 室外培育

在室外培育水蚤的方法，是将培养池水排干，清塘消毒后，每平方米池内撒干鸡粪、酱油渣各1千克（或加其他畜禽肥料），最好日光晒1周后灌水40厘米深，并放入少量水蚤种源。几天后池水变绿，2周左右池水中即繁殖出大量水蚤。可逐日捞取适量水蚤喂小蝌蚪，并适量往池水中施入有机肥，以利于水蚤继续生长繁殖。

培育池四周不应有杂草。因为杂草丛生不仅消耗水中养分，同时更易使有害生物繁殖。夏秋傍晚时分，应用透气纱窗布将水池盖严，以防蚊虫进入培育池中产卵。小型蚤类繁殖快，蝌蚪适口性好。如需要培育小型种类，则可用0.5毫克/升的敌百虫药液控制培育池中的大型水蚤。

4. 保留蚤种

在培育结束时，如需要为下一次保留蚤种，可在培育达到较大密度时（在水温为25～30℃条件下），突然中断投喂饵料，饥饿几天，即可获得大量冬卵。然后将冬卵吸出阴干，装瓶封蜡，存放在冰箱或阴凉干燥处，或留在原培育池中。再次培育，只需排去污水，同时注入新鲜淡水，冬卵即会孵化。

七、泥鳅的养殖

泥鳅（图8－13）肉质细嫩，味道鲜美，营养丰富，价格便宜，是群众喜爱的大众化水产品。如烤泥鳅、烩泥鳅、泥鳅蒸豆腐等名菜，都是风味独特的佳肴，且有滋补强身的药用功能，深受群众欢迎，故有“天上的斑鸠，地下的泥鳅”之美称。据测定，每100克鳅肉含有蛋白质为18.4克，脂肪为2.7克，灰度为1.6克，还有多种维生素和丰富的钙、磷、铁等元素，其营养价值可与名贵的鲤鱼相媲美。泥鳅除供食用外，也是海洋的钓鱼业、雏鸡、雏鸭和蛙类的上等鲜活饵料。

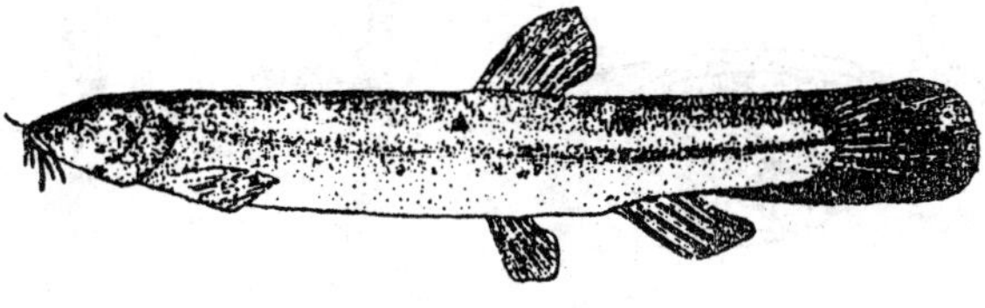

图8－13　泥鳅的外部形态

1. 泥鳅的形态特征

泥鳅体细长，前部呈圆筒形，后部渐侧扁，腹部较圆。头较尖，吻端向前凸出。口小，下位，呈马蹄形，唇软，触须5对。眼很小，圆形，为皮膜覆盖。鳞片细小，圆形，埋于皮下，侧线鳞150片左右，头部无鳞。背鳍无硬刺，起点在腹鳍之前，距吻端较距尾基为远。腹鳍较小，尾鳍圆形。肛门近臀鳍，侧线完全。

体背及体侧深灰色，并有黑色小斑点。尾柄基部上侧有一个明显的黑斑点。奇鳍上有密集褐色斑条；偶鳍浅灰色，无斑条。泥鳅体背常呈暗褐色，与其栖息场所的土色十分相似，往往随栖息地的变动而变化。雌雄鳅在形态上各具特征：雌鳅胸鳍短而圆，雄鳅胸鳍长而前端尖（图8－14）；雄鳅背鳍两侧有肉瘤，雌鳅则无；产卵后的雌鳅，在生殖孔两侧留有白色斑痕（产卵伤痕）等。上述特征，可用作鉴别亲鱼雌雄性别的依据。

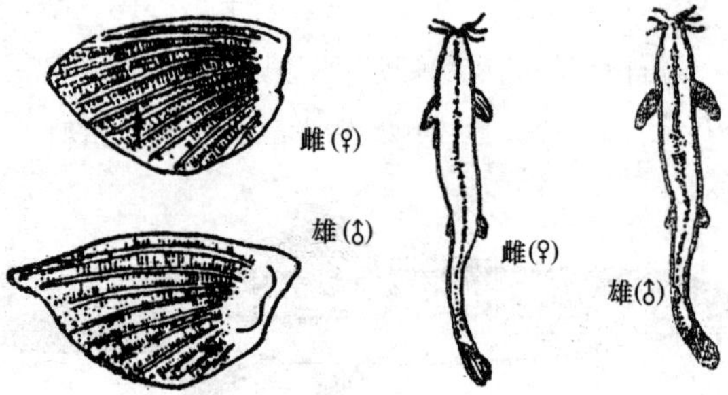

图8－14　雌、雄泥鳅胸鳍

泥鳅脊椎骨数为42～49枚。鳃退化，呈细粒状突起，鳃裂止于胸鳍基部。咽齿1行。胃壁厚，左侧卷曲。肠短，直线状。鳔小，位于骨囊内。

2. 泥鳅的食性

泥鳅为杂食性鱼类。在天然水域中，以昆虫幼虫、水蚯蚓、小型甲壳类动物、底栖生物、水草、植物碎屑、有机物质等为食。一般来说，在幼苗阶段即体长5厘米以内，主要摄食动物性饵料，如轮虫、水蚯蚓、枝角类、桡足类和原生动物等浮游生物；体长为5~8厘米转为杂食性，除摄食甲壳类、昆虫幼体、扁螺、丝蚯蚓等底栖无脊椎动物外，还摄食藻类、高等植物和有机碎屑等；体长8厘米以上时，主要摄食藻类（如硅藻类）和高等植物的根茎叶及种子等，有时也吃水底泥渣中的有机质。在人工养殖条件下，能习惯于吃食配合饲料。

3. 泥鳅的生活习性

泥鳅属于底栖性鱼类，分布很广，喜栖息于软泥多的河、湖泊、池塘、稻田等浅水水域的底层和有腐殖淤泥的表层，喜欢在池底活动，尤其喜欢生活在中性或产酸性（pH值为6.5~7.2）的土壤中。当水中氧不足时，才游到水面吸取空气。

泥鳅生长的适宜水温为15~30℃，最适水温为25~28℃。水温高于30℃以上时，则钻入泥底或草层中栖息。水温低于5℃时，则潜入泥中冬眠。

泥鳅为杂食性鱼类，水中和泥中的动植物及微生物都是它的饵料。泥鳅喜在夜间觅食。

4. 泥鳅的饲养

（1）池塘养鳅　①池塘建造。土池：池壁和池底下不需用石砌砖铺，只要夯实即可。池口高出地面10厘米，进水口低于池壁顶15厘米，设在池的一端（图8－15）。进水口和排水口处，一般都用三合土构筑，如用水泥结构更为理想。进、排水口均须铺设铁丝网或尼龙网防逃。池壁夯实，坡度要小，以防大雨天气泥鳅溯水逃跑。池底铺30～40厘米厚的塘泥。如鳅池面积过大，可在靠近排水口的池挖一口1平方米的集鱼坑（坑深为30厘米），或开50厘米宽、200厘米长、30厘米深的沟，以便泥鳅避暑和捕捞时集鱼用。如有条件，最好在池底先铺一层油毛毡，再在池底及池周铺一层塑料薄膜，并在薄膜上面堆30～40厘米厚的淤泥或有机质土层。泥鳅池建成后，可在池内种植一些水生植物，如水浮莲、浮萍等。

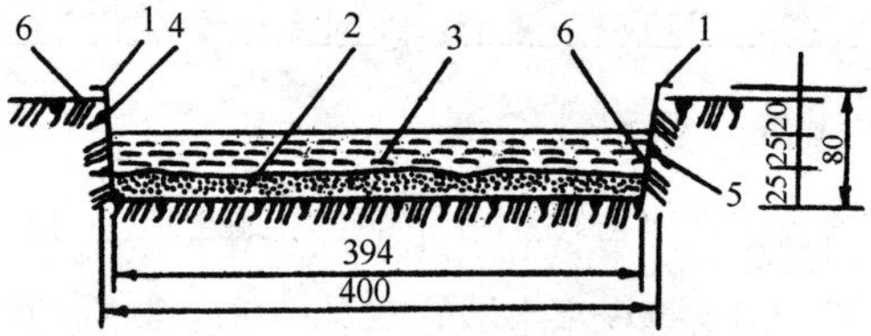

图8－15　土池结构（单位：厘米）

1. 池壁；2. 肥淤泥；3. 水；4. 进水口；5. 出水口；6. 小眼铁丝网

砖池或水泥池：先按设计要求挖好土池，四周池壁用水泥板或砖砌水泥抹面。池深为1.0～1.4米，水位线以下为60～80厘米，面积为30～100平方米。池底用水泥抹平或炉渣夯实，上铺20～30厘米黏土层，防止泥鳅触及硬底受伤。同时，在排水口附近挖一面积为数平方米、深为20厘米的集鱼坑，便于捕捞。进、排水口都要安装防逃设备（图8－16）。

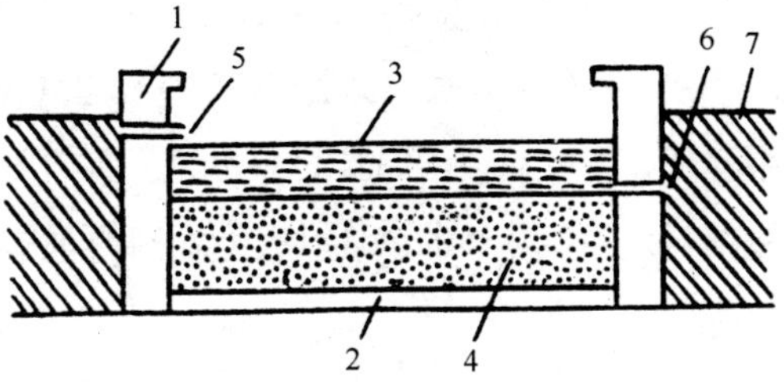

图 8－16　砖池或水泥池结构

1. 池壁；2. 池底；3. 水面；4. 泥层；5. 进水口；6. 出水口；7. 地面

②池塘养殖。刚孵出的泥鳅苗不能自由活动，利用头部的吸附器附在鱼巢、池壁或其他物体上，以腹部的卵黄为营养。经过 3 天左右，卵黄吸收完后才能自由游动并开始觅食。这时便可从孵化缸或其他孵化容器内取出鱼苗，转移到鱼苗池中进行培育。

鱼苗下池前半个月左右，先将池水排干，曝晒 4～5 天，每亩用 30～50 千克生石灰消毒。然后，注入新水，深为 20 厘米，并施入少量的粪肥，待水色变绿，药性消失（施石灰后 7 天左右），即可放入鳅苗进行饲养。

鳅苗放养量，每平方米水面可放 3～4 厘米的鳅苗 40～50 尾，每亩放养 2.6 万～3.3 万尾。但在一个鱼池中应放养同一天孵化出的鱼苗，如果规格相差悬殊，就会出现大吃小的现象。初期也可将鳅苗放养于集鱼坑内，待鳅苗能吃饵后再将池水灌至 10～20 厘米深。随着泥鳅的成长，逐步把水加深至 80～100 厘米。平时池水深度可浅一些，炎夏高温季节可深些。

在饲养期间要根据池塘水质情况，经常投施一些有机肥料和无机肥料，培育水中的天然饵料，每天还要投喂人工饲料。

投饵量3月份为泥鳅总体重的1% ~2%，4—6月份为3% ~5%，7—8月份为10% ~15%。水温高于30℃或低于10℃时，应减少投喂量或不投喂。投喂时每日分早晨、午后、傍晚3次投给。所投饲料应做成黏性的团块状，放在饵料台下，使饲料保持清洁卫生。

泥鳅池要经常注入新水，以保持良好的水质环境。在梅雨季节，或闷热天气，池水容易缺氧，如发现泥鳅游到水面“吞食空气”或出现浮头现象时，要立即注入新水，或开动增氧机进行增氧。否则，会造成泥鳅缺氧致死。

泥鳅池的拦鱼设施要勤检查，如有损坏，应及时修补。

（2）稻田养鳅　泥鳅还可以在稻田进行养殖。选择土质柔软、呈中性或弱酸性、腐殖质丰富、无冷泉水上涌的稻田作养殖田。但田埂要筑高至50厘米，进、排水口需有防逃设施。同时，在排水口附近挖1口数平方米、深约为50厘米的集鱼坑，面积约为稻田总面积的1/10，供泥鳅于高温或田水干涸时栖息之用（图8－17）。每亩放养体长3厘米左右的鳅苗5.0 ~7.5千克。倘若天然饵料充裕，可不需投饵。否则，需适当投给麦麸、米糠、蚕蛹粉、鱼类废弃物、鱼粉以及蚯蚓等，或者施以猪粪、鸡粪等有机肥料，借以繁殖浮游生物等天然饵料，供泥鳅捕食。

值得注意的是：养殖泥鳅的稻田，应尽量少施农药和石灰，并且防止稻田水质恶化造成死鱼，还要防止蛇、蛙和乌鳢鱼食害泥鳅。通过1年的饲养，每100平方米的稻田，可产泥鳅10 ~15千克。

稻田养泥鳅，既要养好泥鳅，又不影响水稻生产，做到

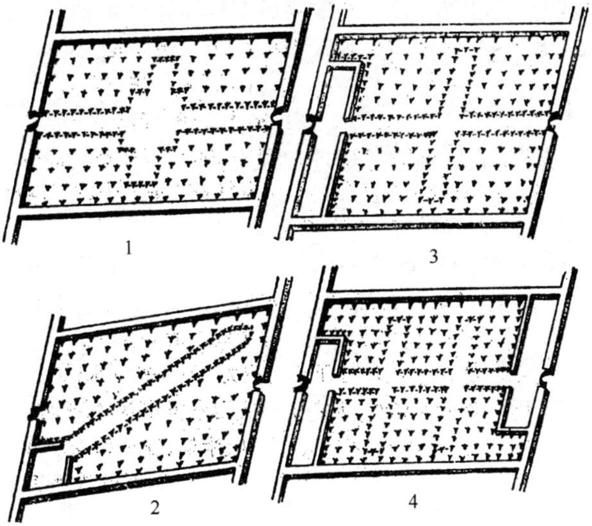

图 8－17　稻田养鳅及其结构布局

1. 鱼窝在田中央；2. 鱼窝在田角；3. 鱼窝在田横端；4. 鱼窝在田的两横端

稻、鳅生产两不误。因此，管理工作应注意以下事项：①掌握水位。田面水深保持在 10～20 厘米，夏天高温季节，尽量加深田水，防止泥鳅烫死；②稻田除虫。选用低毒农药，在施药时，采取灌深水和喷雾器嘴伸到叶下，由下向上喷洒，这样的施药方式，既能提高杀虫效果，又不会给泥鳅带来危害；③在双季稻田内养殖泥鳅，可在早稻收割时将泥鳅捕起，放在网箱内暂养，待晚稻插秧结束后再放。捕捉时将水放干，把泥鳅赶入鱼坑后集中捕捞；④防止逃鳅和鸟、蛇、鼠及家禽危害。

（3）**鱼鳅混养**　鱼池混养泥鳅，是以鱼为主，搭养泥鳅。混养泥鳅的池塘，要求塘埂结实，不漏水，一般先放鱼种，后养鳅苗。鱼种放养前每亩用 75～100 千克生石灰清塘，杀灭敌害。泥鳅苗的放养密度，一般为每亩放养体长 5 厘米左右的鳅苗2.5～5 千克，在不投饲的情况下，每亩可产鳅 10～15 千克。

（4）流水养鳅　泥鳅适于在水源充足，含氧量高的小面积水体生活。因此，流水养鳅是一种高效率的养殖方法。

①坑塘养殖。在院内开挖面积为 2～3 平方米的长方形坑塘，塘深为 50～60 厘米，上搭阴棚或用木板作盖，每平方米放养 5 厘米左右鳅苗 2～3 千克。可投喂米糠、麦麸和少量鱼粉，加适量地瓜淀粉黏合的团块状饲料，或蚯蚓、蚕蛹等活饵料，当年每平方米水面可收成鳅 10～15 千克。

②木箱养殖。此法是日本秋田县农户流行的一种行之有效的养殖方法。木箱的规格为 1.0 米 ×1.0 米 ×1.5 米。上有直径为3～4 厘米的进、排水孔，上装网目为 2 毫米的金属网。箱底填入粪肥、泥土或一层稻草一层泥土，堆积 2～3 层，最上面一层为泥土，保持箱内水深为 30～60 厘米（图 8－18）。木箱放在流水地带，让水从一个口流进，另一个口排出。注入也

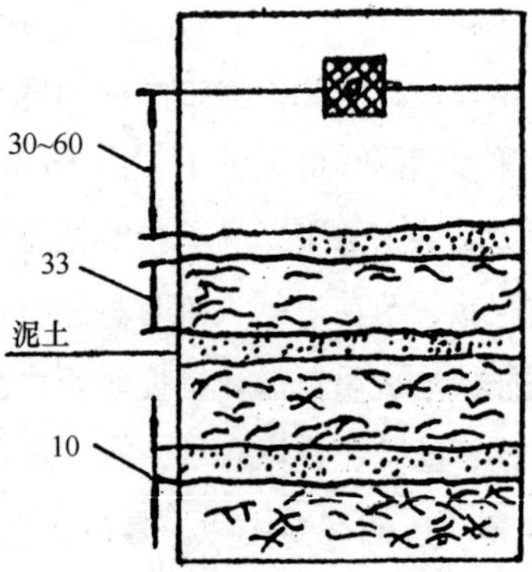

图 8－18　木箱流水养鳅（单位：厘米）

可以用水管由上而下流，或几个木箱并联也可以。

选择向阳和水温较高的地段放置木箱。水温不能低于15～20℃，下雨时要防止溢水。还要在木箱上设置盖网以防鸟兽危害。通常每个木箱可放养鳅苗1.0～1.5千克，每天投喂米糠、蚕蛹、蚯蚓等做成的团状饲料，投饵量为鱼体重的2%～8%。饲养半年左右便可收获。一个木箱可产泥鳅8～15千克。

③网箱养殖。网箱分苗种培育网箱和成鱼网箱。鳅苗种培育网箱，用聚乙烯网做成，面积为10～25平方米。成鳅饲养网箱，用网目为0.5～1.0厘米的3×3聚乙烯网片做成，面积约为30平方米。网箱设在湖、河边，箱底铺15～25厘米厚的泥土。

鳅苗放养密度为每平方米约30 000尾，成鳅网箱为每平方米1 500～2 500尾。具体放养量，应视水体肥瘦、饲养技术水平和鱼的规格而定。

网箱养鳅以人工投饲为主，饲料主要有米糠、豆饼、麦麸、鱼粉、配合饲料及鲜活饵料等。

利用网箱养鳅，要做好以下管理工作：①要勤洗刷网衣，及时清除浮泥杂藻，保持水流畅通，使浮游生物进入箱内；②要经常检查网箱，如发现漏洞或网纲磨损现象要及时修补；③要保持箱底有泥土，以免泥鳅与箱底摩擦而受伤；④要防治病害，预防敌害生物如水蛇、水老鼠等的侵害。

5. 泥鳅的越冬管理

秋末冬初，水温不再升高的时候，泥鳅摄食量增加，体内开始积蓄营养，准备冬眠。这时投喂的饲料比例是动植物饲料各占50%。水温达15℃时，仅投喂鱼体重1%的饲料即可。当水温降至10℃左右，泥鳅进入冬眠期。泥鳅越冬的放养密度可高于饲养期常规放养密度的2～3倍。越冬池应背风向阳，蓄水应深一些，以利于保温。越冬期间，可在池塘四角适量投放一些牛粪、猪粪、马粪等有机肥料，既能肥水，又可发酵增温，有利于泥鳅越冬。稻田养殖的泥鳅，在越冬时要及早把泥鳅诱集入深坑，并采取加盖稻草等保暖措施。

采用越冬箱越冬，效果也很好。越冬箱规格为（90～100）厘米×（25～35）厘米×（20～25）厘米，箱装20厘米左右厚的细土，放6～8千克泥鳅。土和泥鳅分层装箱，装箱时，先放3～4厘米厚的细土，再装2千克左右泥鳅，如此装3～5层，最后装满细土，钉好箱盖（箱盖上有5～7个圆孔）。然后把越冬箱沉入水深1米以下的水中，使泥鳅安全越冬。

6. 泥鳅的病害及其防治方法

（1）水霉病　在泥鳅苗孵化过程中，如遇低温阴雨，卵子（主要是受精卵）易发生此病。另外，鱼体受伤后，容易生长水霉，严重时引起死亡，病鳅行动迟缓，食欲减退，体表丛生灰白色棉絮状绒毛。

防治方法：①尽量避免鱼体受伤；②鱼体消毒，用1毫克/升的高锰酸钾溶液浸浴5分钟或用2%～3%的食盐水浸浴5～10分钟；③受精卵感染此病时，用0.3毫克/升高锰酸钾溶液浸洗30分钟；④泥鳅感染此病，用3%～4%的食盐水浸浴7分钟左右；⑤用1毫克/升漂白粉溶液全池泼洒。

（2）腐鳍病　泥鳅的腐鳍病是由一种短杆菌引起的。其症状是背鳍附近的肌肉腐烂，表皮脱落，呈灰白色。严重时鳍条脱落，肌肉外露，鱼体两侧浮肿。发病部位肌肉发炎，并有红斑。不摄食。此病多在夏季流行。

防治方法：用 10 ~ 15 毫克/升土霉素或金霉素溶液浸浴 10 ~ 15 分钟，每天 1 次，1 ~ 2 天即可见效，5 天即可痊愈。

（3）寄生虫病 鱼苗饲养阶段常见的有车轮虫、舌杯虫、三代虫等寄生而引起死亡。病鳅黏液增多，离群独游，漂浮水面，呼吸困难，食欲减退。

防治方法：①用 0.7 毫克/升硫酸铜溶液全池泼洒，可杀灭车轮虫、舌杯虫；②可用 0.5 毫克/升的敌百虫溶液全池泼洒，对三代虫有防治效果；③鳅池放养前用生石灰彻底清塘消毒。

（4）打印病 此病由嗜水产气单胞杆菌嗜水亚种寄生所致。菌呈短杆状，两端圆形，有活力。病灶红肿，椭圆形或圆形，似盖上的印章。患处主要在尾柄两侧，流行于 7—9 月份。

防治方法：①用漂白粉全池泼洒，使池水浓度为 1 毫克/升，一般可以达到治疗目的；②用 2% 浓度石炭酸或漂白粉干粉直接涂抹患处。

（5）红鳍病 此病由细菌引起。发病原因是由于水质恶化，饲养不当，鱼体受伤而被细菌侵染。病鱼腹部、肛门周围充血发炎，鳍条充血呈红色。

防治方法：①加强日常饲养管理，避免伤害鱼体；②病鳅用 3% 食盐水溶液浸洗。

（6）气泡病 此病主要由于水中氧气不足或其他气体含量过多所致。鳅苗阶段最易发生。此时，因鳅肠中过多吸入空气而浮于水面，肚皮鼓起成气泡。

防治方法：①加强日常管理，合理投饲，防止水质恶化；

②发病期间，每亩用4～6千克食盐全池泼洒，或立即注入新水或黄泥浆水。

(7) 白体红环病 此病由于捕捉后长时间流水蓄养所致。病鳅身体和鳍条呈灰白色，同时体上出现红色环纹。

防治方法：①发现此病，应立即将病鳅转移到水质清新的池塘中放养；②泥鳅放养前，用0.5毫克/升高锰酸钾溶液浸洗；③放养后，用0.2～0.3毫克/升高锰酸钾溶液全池泼洒。

(8) 敌害 泥鳅的天敌常见的有水蛇、鸟、凶猛鱼类（乌鳢、鲇鱼）、水老鼠、鳖、黄鳝、水蜈蚣、红娘华（水蝎子）。

防治方法：①放养前要进行彻底清塘，将潜伏在塘泥中的有害鱼类杀灭；②加强饲养管理，及时捕杀敌害生物；③对水蜈蚣、红娘华，用95%晶体敌百虫按0.5～1.0毫克/升浓度全池泼洒。

八、大麦虫的饲养

大麦虫，又称超级面包虫，属鞘翅目，拟步甲虫科昆虫，以麦麸为主要饲料，故有大麦虫之称。原产于南非及中非，近几年我国从东南亚引进，是昆虫的新品种。大麦虫个体大，幼虫体长为50～60毫米，体宽为5～6毫米，比黄粉虫大3～4倍，产量为黄粉虫的5倍。

大麦虫的营养价值很高，幼虫含粗蛋白质为51%，脂肪为29%，还含有多种糖类、氨基酸、维生素、激素、酶及磷、铁、钾、钠、钙等多种微量元素。可作为高蛋白鲜活饲料。用于饲养蛙、鳖、蝎子、蜈蚣、蛇、优质鱼、观赏鸟、药用兽、珍贵毛皮动物和稀有畜禽等（彩照24）。

大麦虫属全变态昆虫，一生要经历卵、幼虫、蛹、成虫4个虫态。大麦虫生育周期为6个月，1年繁殖两代，生长速度比黄粉虫稍快。大麦虫食性杂，适应性强，管理简单粗放，投资能大能小，既适合家庭养殖，又适合大规模工厂化养殖。大麦虫养殖具有节地、节水、节能源、节空间、节人力的“五节”特点，是一项低投入、高产出的新型养殖业，市场需求和开发潜力巨大。

河南省洛阳市长龙动植物研究所通过长时间的试验和饲养，根据大麦虫不同生育期提供适宜的配合饲料，在饲料配方、温湿度、变蛹羽化等关键技术方面，总结出大麦虫繁殖和饲养的基本规律，从根本上解决了我国不能饲养这种昆虫而依赖进口的局面，在国内首先解决了这个困扰我国多年的技术难题，从而为规模化养殖创造了良好条件。这是一项很有发展潜力的优质活蛋白饲料，对我国的特种动物和宠物养殖业将产生极大的经济效益。

1. 幼虫的饲养

大麦虫幼虫的饲养与黄粉虫相似，主要以麸皮和混合配方饲料及蔬菜、瓜果为主。饲料要求新鲜，不霉变，青饲料要晾干水分后投喂，切忌将带水的菜叶放入盒内，防止饲料潮湿霉变。在饲养期间，要经常检查，及时添加饲料，一般每隔2～3天要清除残饵粪便1次，以保持盒内清洁，提高幼虫成活率，夏季要适当多投青饲料，并经常用手翻动饲料，帮助散热。冬季要增加饲料层厚度，使幼虫起到避寒保暖作用。幼虫饲料参考配方：麦麸35%、中猪全价饲料（或大鸭全价饲料）34%，豆饼粉10%，发酵后的糠15%，维生素50克，糖4%，盐1%。

刚孵出的幼虫呈乳白色，第一次蜕皮后变成黄褐色，以后每6～10天蜕皮1次，幼虫期共蜕皮6～10次。幼虫期生长很快，2～3周体长可达0.5～1.0厘米，4～5周体长可达5～6厘米。幼虫饲养前期以精料为主，青料为辅，后期以青料为主，精料为辅。未成龄幼虫要多喂青菜，这样对蛹和成虫的生长发育有利。有些老龄幼虫，在化蛹期间，食欲减退，可加喂鱼粉，以促进化蛹一致。饲养期间要根据密度及时分箱饲养，以免相互残杀。

2. 蛹的饲养

当幼虫体长达到5～6厘米，即成为老熟幼虫，便开始变蛹。此时，不爱活动，身体蜷缩，呈“6”字形，皮肤光泽度差。由于大麦虫幼虫具有比黄粉虫更强的相互残伤取食的习性，因此，需将临近化蛹的幼虫挑出单独放入饲养箱中；或将每条幼虫单独放入茶杯或塑料管中（管中放虫，两端订牢），使其很快化蛹。挑出的蛹可按不同日龄分别放在铺有1厘米厚的粗麸皮的不同羽化箱里羽化。放蛹后每天要检查，随时除去变黑、变红和软化的死蛹，还要防止蛹感染病毒。蛹羽化的适宜温度为25～35℃，湿度为65%～75%，在20℃以上时，经过6～7天后便羽化为成虫，在羽化过程中要及时挑出死虫、伤残虫和羽化皮，并贴上日龄标签。对羽化后的成虫，在虫体变为黑褐色之前，就要转到成虫产卵箱饲养。成虫头上长有1对须状触角，具有3对步足，爬行很快，但不会飞行。

3. 成虫的饲养

成虫阶段为大麦虫的繁殖期，饲养成虫的目的是使其产大量虫卵（彩照25）。成虫饲养密度为每平方米1 000 ~1 200 只。成虫羽化后 8 ~10 天开始产卵。蛹羽化为成虫后 2 个月内是成虫产卵盛期，要注意加强营养和管理，每天投喂 1 ~2 次。先撒上厚约 1 厘米的麸皮或混合饲料，再喂些青饲料，以提供水分和补充维生素，边吃边放，保持新鲜，但青饲料不宜过多，以免潮湿，成虫不爱吃。一般每隔 10 天应给成虫换 1 次料，但换下的饲料可能混杂虫卵，不要立即抛掉，应留着观察。

成虫饲料参考配方：麦麸 50%，鱼粉 4%，中猪全价饲料（或大鸭全价饲料）15%，统糠 26%，食糖 4%，维生素及混合盐 1%。

4. 卵的管理

成虫的卵主要利用网筛收集。在饲养盒底先放 1 张黑纸，黑纸上撒一层薄麸皮，再放置产卵网筛。饲养盒的规格为60 厘米 ×40 厘米 ×15 厘米，要内壁光滑（用透明胶带贴面），防止幼虫或成虫爬出。成虫产卵用的网筛盒略小于饲养盒，使用时刚好能套进饲养盒内。用孔径为 12 目或 14 目的金属网片做盒底。网筛盒既是成虫的产卵器，又是快速分离虫卵、幼虫和饲料的工具。为了防止幼虫或成虫逃逸，在盒面上要做一盖子，可用塑料窗纱做成。成虫有向下产卵的习性，产卵时产卵管穿过铁纱网孔，将卵产到纸上或纸与网间的饲料中。接卵纸一般每3 天更换1 次，产卵盛期或产卵适温季节最好每天更换1 次，次序是先换接卵纸，再添加饲料。成虫产卵盛期后，部分雌成虫逐渐衰老死亡，剩余的雌成虫产卵量也显著下降，此时应及时淘汰，以免浪费饲料、人工和占用产卵盒。

换收接卵纸时，要将同一天换收的纸叠放在同一个幼虫盒（孵化箱）内，让卵自然孵化，7～10天即可全部孵出幼虫，然后将接卵纸逐一抽出抖掉幼虫，让其在孵化箱继续生长发育。

5. 病害防治

（1）**细菌感染**　一旦发病，要清理死虫、病虫；减少或停喂青菜饲料，更换干燥的饲料，通风排湿；全面消毒，每盒可用0.25克土霉素拌250克麦麸饲料进行投喂，也可用氟哌酸、葡萄糖拌料投喂。

（2）**螨虫为害**　受害虫体主要表现为发黑干枯或者颜色正常且无缺损，但轻拈虫体则断裂。采取选择健康种虫、饲料处理、药物治疗、场地消毒、诱杀螨虫等措施来防治。

（3）**卫生管理**　禁止非饲养人员进入饲养房，进入时必须在门外进行杀菌消毒；防止蟑螂、蚂蚁、老鼠等与大麦虫争食饲料或咬伤虫体；室内严禁放置农药和燃点蚊香等有异味的药品，也不要饲喂发霉变质的饲料；应及时清除死虫，以免霉烂变质导致流行病发生；严禁饲料中有积水或饲料盘中有水珠，更不能用沾有农药的手去触摸虫体。

九、蚕的饲养

蚕以吃桑叶为食，也叫桑蚕，一生要经过九个阶段，蚕卵刚孵化是小蚕，体小色黑，很像蚂蚁，所以叫蚁蚕。再慢慢长大眠一次脱一次皮就加一龄，共眠4次到5龄。到5龄后蚕就要结茧了。蚕就睡在蚕茧里面化蛹，然后经过慢慢演变蛹就会脱变成蚕蛾破茧而出，出来就开始寻找伴侣一起“生男育女”，培育下一代。蚕的一生就这样周而复始地过着单调而很有规律的生活。

1. 收蚁

俗称掸乌毛，是保持蚁蚕头数的关键技术。工作要精细，动作要轻，尽量减少遗失蚕，减少蚁蚕损失及损伤。

（1）收蚁前的准备 将孵化的蚁蚕收集到蚕座里，开始给桑饲养的操作过程叫收蚁，它是饲养工作的开始。处理好坏将直接影响整个养蚕生产和蚕茧产量。

收蚁工作时间性强，要求在较短时间内迅速完成，否则会使蚁蚕疲劳，处于饥饿状态而造成体质虚弱，因此必须做好充分准备。收蚁用具（蚕筷、鹅毛、收蚁纸、收蚁网、焦糠、蚕药等）要备足备齐；收蚁用桑一般在收蚁当天早晨采适熟叶。收蚁用桑叶要求品种一致，老嫩一致，叶位一致，一般是第 2 ~3 叶。

（2）收蚁方法 蚁蚕一般在天亮时开始孵化，春蚕期一般早晨 5—6 时感光，7 时左右收蚁，夏秋蚕期因气温高，以 4—5 时感光，7 时收蚁为好。

收蚁方法很多，目前采用的主要有网收法和纸引法两种：

①网收法：感光时在原来压卵网上再加覆一张防蝇网，然后撒些小方块桑叶，经 10 多分钟，待蚁蚕全部爬上桑叶后，即将网提起，移放到另一只垫好蚕座纸的蚕匾里，经消毒后给桑，未孵化的蚕卵继续遮光保护。给桑 2 ~ 3 次后，卷去网，定座成一定面积进行饲养。

②纸引法：感光时在原来压卵网上覆盖一张棉纸，然后在

棉纸上撒一些切碎的桑叶，待蚁蚕爬到棉纸上后，翻过棉纸平铺在蚕匾里，经消毒后给桑，未孵化的蚕卵继续遮光保护。蚁体消毒用小蚕“防病一号”，以均匀撒成薄薄一层为宜。给第二回桑叶后，定座、撒石灰、焦糠。

2. 小蚕饲养

目前生产上习惯将 1 ~ 3 龄蚕称为小蚕。精心养好小蚕是为丰产打基础的重要阶段，“养好小蚕一半收”。这是群众长期养蚕实践的经验总结。因此，要养好蚕，首先要认识和掌握小蚕的生理特性。根据蚕的生长发育规律采取相应的饲养技术措施，促使小蚕健康成长，达到优质高产的目的。

(1) 小蚕饲养形式　根据小蚕的生理特点和对温湿环境的饲养要求，当前农村小蚕饲养形式大致有塑料薄膜覆盖育、围台育和炕房育等几种。①覆盖育：覆盖育是用石腊防于纸或聚乙烯塑料薄膜，根据需要剪成大小若干张，每张穿成孔距为 3 厘米，孔径为 0.6 厘米的小孔，以利适当透气；1 ~ 2 龄采用下垫上盖的全防干育，3 龄采用只盖不垫的半防干育。眠中不覆盖。覆盖育可以保持桑叶新鲜湿润，延长蚕食时间，促使蚕体发育齐一。②围台育：四周用塑料薄膜将蚕架匾围入其中形成围帐，给桑时启开薄膜抽出蚕匾给桑，这种饲养模式，叫围台育。利用这种大棚式的养蚕方式既可保湿保温，也可节省加温的燃料。③炕房育：炕房育是利用地下火道（地火龙）加温养蚕，四周上方围以塑料薄膜造成高温多湿的大环境，饲养员直接在室内操作，它适用于饲养规模较大的蚕区使用。炕房育具有投资少，散热均匀，保温保湿性能好，有利于小蚕的生长发育等特点。

（2）小蚕饲养技术规范（表 8－6）

表 8－6　小蚕常规饲养技术规范参考表（1 盒多丝量品种）

<table>
<tr><td colspan="3">龄别</td><td>1 龄/℃</td><td>2 龄/℃</td><td>3 龄/℃</td></tr>
<tr><td rowspan="4">饲育温度</td><td rowspan="2">食桑中</td><td>温度</td><td>27～28</td><td>26～27</td><td>25～26</td></tr>
<tr><td>干湿差</td><td>0.5</td><td>0.5</td><td>0.5～1</td></tr>
<tr><td rowspan="2">眠中</td><td>温度</td><td>26～26.5</td><td>26～26.5</td><td>24～24.5</td></tr>
<tr><td>干湿度</td><td>1～1.5</td><td>1～1.5</td><td>1.5～2</td></tr>
<tr><td colspan="3">收蚁及饲食时间</td><td>第一天 7—8 时</td><td>第四天 16—18 时</td><td>第七天 20—21 时</td></tr>
<tr><td colspan="3">止桑时间</td><td>第三天 18—20 时</td><td>第六天 20—22 时</td><td>第十天 13—15 时</td></tr>
<tr><td colspan="3">眠中经过/小时</td><td>20～22</td><td>20～22</td><td>24</td></tr>
<tr><td colspan="3">给桑量/千克</td><td>1.0</td><td>3.5</td><td>17～18</td></tr>
<tr><td colspan="3">切叶大小/厘米</td><td>0.5～1.0</td><td>大方或木梳叶</td><td>片叶、三眼叶</td></tr>
<tr><td colspan="3">每日给桑次数</td><td>3～4</td><td>3～4</td><td>3～4</td></tr>
<tr><td colspan="3">蚕座面积/平方米</td><td>0.8</td><td>1.6</td><td>4.0</td></tr>
<tr><td colspan="3">除沙次数</td><td>不除或眠一次</td><td>起、眠除各一次</td><td>起、中、眠除各一次</td></tr>
<tr><td colspan="3">蚕体消毒/次</td><td colspan="3">收蚁时、饲食前、加眠网时各一次</td></tr>
</table>

资料来源：楼炯伟，黄世荣. 2011. 杭州：浙江科学出版社。

（3）桑叶的采摘与贮藏　①桑叶的采摘：采桑通常分早、晚两次，春期以晚采为主（日落后采桑）；晚秋期气温高，应以早采为主，中午不采。采桑时要带洁净的湿布，盖在筐上，防止桑叶水分蒸发，做到随采随运，确保蚕吃到新鲜洁净的桑叶。桑叶质量的好坏，直接影响蚕的生长发育和体质强健，受污染的桑叶还会引发蚕病。小蚕期桑叶要注意选采适熟叶，以嫩绿叶为宜，防止偏嫩偏老。春蚕 1 龄选采鲜绿色。叶位为新梢第三、第四叶；2 龄选采绿色，叶位为第五、第六叶；3 龄选采浓绿色的三眼叶（止芯芽）。不要采用日照不足和过老过嫩叶，也不宜采用过嫩叶。喂桑前，先将桑叶一片一片叠齐，用刀切除叶柄；喂桑时，叶面朝上，平铺在蚕座上。喂桑量要根据蚕儿的发育和残桑的多少灵活掌握，各龄开叶后一天内，蚕皮多皱，不宜多喂桑叶，以后逐渐增多，蚕体青白粗长期，皮肤绷紧而有光泽，此时蚕儿吃得狠，食量大，要多投喂桑叶，使蚕吃得饱。以后体躯短粗，要注意观察残桑情况，如果残桑较多，这次喂桑量要比上次适当减少，反之则适当增加。②桑叶的贮藏：桑叶贮藏要注意保持叶质新鲜。贮桑时间一般应在24小时内，在生产上桑叶的贮存方法有以下几种：缸储法：适用于1、2龄少量贮桑，先在缸底放少量清水，上置竹垫，中央放气笼，将桑叶理齐，叶柄向下叶尖向上沿缸壁盘放，或将桑叶抖松在气笼四周，上盖湿布或湿匾。砂坑储桑法：适用于1～3龄贮桑，在蚕室内用砖块砌成一个长方形浅坑，大小根据贮桑量而定。先在坑底摊一张塑料薄膜，铺上约4厘米厚的清洁粗沙或细石子，浸透清水，将理齐的桑叶叶柄向下叶尖向上，一叠叠挨紧排列，把叶柄插入蓄水的砂中，桑叶上盖塑料薄膜保温。冰箱贮桑法：据试验，将采摘来的桑叶（不要用水洗，否则叶片变黄），按20片叶左右叠成一叠，放在保鲜膜袋内，扎紧袋口，置冰箱保鲜室，一般可保鲜10～15天左右。随用随取。但从冰箱取出后应放几分钟，待恢复常温后再喂桑。否则蚕吃进冷食后会导致腹泻。

（4）给桑　给桑的方法可采用“一撒、二匀、三补”的方法，给桑要迅速并均匀，厚薄一致，未撒到的地方应添补桑叶。3龄蚕用片叶，则要求叶面向上，叶背朝下，一片片平铺喂蚕。通常昼夜喂桑三次。喂桑量要根据蚕的发育、上次残桑的多少灵活掌握，各龄开叶后一天内，蚕皮多皱，不宜多喂，以后逐渐增多，蚕体青白粗长，蚕皮紧张而有光泽，此时蚕吃得狠，吃得多，要多喂些桑叶，使蚕充分饱食。如果蚕体短粗，皮肤绷紧发亮，表明蚕快要眠了，喂桑量应适当减少。

（5）扩座和除沙　①扩座：蚕生长发育的场所叫蚕座。扩座就是扩大原来的蚕座面积，使蚕不相互拥挤。蚕座过密会造成蚕食桑不足，发育不齐，同时蚕相互挤轧易抓伤皮肤，增加感染蚕病的机会。反之蚕座过稀，则残桑多，造成桑叶浪费。同时还会造成蚕室、蚕具和劳动力用量增多。小蚕生长快，需提前扩大蚕座。由于小蚕具有趋光性和趋密性，易造成分布不匀，因此要做好匀座工作，保持合理的蚕座面积。扩座方法一般用手来进行。右手拿蚕筷，斜着插入蚕座底下，轻轻地向四周扩展，然后用蚕筷把蚕头过密的地方连同桑叶移向蚕头稀的地方，使蚕分布均匀，食桑一致，发育整齐。扩座动作要轻，防止触伤蚕体，并保持蚕座平整。1 龄蚕每天上下午各扩座一次。2、3 龄每天扩座一次，结合喂桑进行匀座，要根据蚕的发育情况逐渐扩大蚕座面积。一般一盒蚕种小蚕期各龄的最大蚕座面积为：收蚁当时 0.12～0.14 平方米，1 龄 0.8 平方米，2 龄 1.6 平方米，3 龄 4.0 平方米。②除沙：就是清除蚕座上的残桑、蚕粪等不洁物，使蚕座保持清洁干燥，防止病菌繁殖蔓延。减少病原物的感染，是一项重要的防病保健措施。除沙按时期可分为起除、中除和眠除三种，一龄蚕喂桑量少，通常不除沙，如果残桑蚕粪堆积过多，可进行一次眠除。2 龄起除、眠除各一次。3 龄起除、中除和眠除各一次。除沙应在白天进行，以免小蚕失落；除沙动作要轻，勿伤蚕体；除沙时发现病死蚕要集中投入消毒缸内，勿乱丢或喂蛙吃，也不要扔在池塘，以防病原扩散；除沙完毕要及时打扫蚕室并进行地表面消毒；蚕沙不能堆放在蚕室内或蚕室周围，要倒入蚕沙坑中制作堆肥，以杀灭病菌。

（6）眠起处理 眠起处理直接关系到蚕的健康和发育生长，故要求做到吃饱就眠，眠中保护，适时饲食。加眠网是为了确保蚕眠中蚕座的清洁干燥。小蚕期加眠网宁早勿迟，1 龄蚕胸部膨大，体色渐变炒米色时可加眠网；2～3 龄当少数体色由青转白，体壁紧张发亮略呈透明的将眠蚕出现时便可加眠网。眠期温湿度调整，小蚕期适宜高温多湿的环境，适宜温度 1 龄 27～28℃，干湿差 0.5℃左右；2 龄 26～27℃，干湿差 1℃左右；3 龄 25～26℃，干湿差 1.5℃左右。起蚕的第一次给桑称为饷食，饷食过早则易伤蚕口器，过迟会造成饥饿。适时饷食要看蚕头部呈淡红色，头胸抬起作寻食状。这时即可给食。小蚕期适当通风换气，保持空气新鲜。同时蚕室内应保持光线明暗均匀，防止日光直射。饷食用桑要新鲜并适熟偏嫩，给桑量适当控制，不宜偏多。

3. 大蚕饲养

目前生产上习惯将 4～5 龄蚕称为大蚕。大蚕的特点和生理要求与小蚕有显著差别。大蚕是摄取营养、增长蚕体和生成丝蛋白的时期，其饲育的好坏直接关系到蚕茧产量的高低和茧质的优劣。对养蛙生产而言，大蚕也要达到 4 龄，才能用作鲜活饵料。因此大蚕饲养是决定养蚕成败的关键。应当根据其生理特点，采取科学的饲养技术措施。

（1）大蚕的生理特点　大蚕对高温、多湿、闷热等的不良环境抵抗力弱，大蚕体内水分不易发散，因此要注意通风换气，以利蚕儿健康成长。民间有“大蚕靠风长”的说法，其道理就在这里。大蚕食桑量大，其中5龄占全龄食桑量的85%左右。大蚕丝腺成长很快，特别是5龄期丝腺急剧增长，70%的丝物质是在5龄第3天后形成的。因此要保证给大蚕供应桑叶、使其充分饷食，才能保证蚕茧优质高产。

（2）大蚕饲养形式　①蚕匾育：将蚕放在长方形匾、大圆匾内饲养的形式叫蚕匾育。是我国传统的养蚕形式。其特点有：用梯形架或竹、木搭成8～10层的蚕架插放蚕匾，房屋利用率较高；但给桑、除沙等操作都需要搬动蚕匾，劳动强度大；需用蚕架、蚕匾等用具较多，投资成本较高。②蚕台育：用竹、木、绳搭成固定或活动的蚕台。在蚕台上给桑养蚕，利用这种形式养蚕叫做蚕台育。此法操作简便，节省劳力。但除沙较困难，所以都用于5龄后期蚕的饲养。③地蚕育：将大蚕放在地面上饲养，这种方法叫地蚕育，在浙江一带较普遍采用。要选择地面干燥，下雨不积水，通风良好的房屋，用1%有效氯漂白粉液消毒，然后将4龄或5龄饷食蚕移放在地面进行饲养。蚕成熟后自动上簇结茧。④室外育：利用野外林荫等场所或室外搭临时简易蚕棚来饲养大蚕的方法叫做室外育。室外育有林荫育、土坑育、大棚育、台架育等几种。如果方法运用及管理得当，同样能获得蚕茧优质高产。

（3）大蚕的饲养技术　①采桑与贮桑：大蚕用桑要采含水分较少的适熟叶。春蚕4龄用桑采摘三眼叶，枝条下部叶及小枝叶，5龄用桑采摘新稍上的芽叶或伐条叶。夏蚕期大蚕采摘疏芽叶及新枝条基部叶，秋蚕期大蚕用桑采摘基部叶。晚秋蚕结束时枝条顶端留 5～6 片叶。防止一根枝系上的桑叶一次采光。采桑的时间，通常早晚各一次，傍晚采的桑叶，养分多，水分少，容易萎凋；早上采的桑叶，养分少、水分多。要根据当地的气候条件，灵活掌握。高温干燥早上采，低温多湿傍晚采。一般白天用桑早上采，晚上和早晨用桑傍晚采。装桑用的筐要干净，并随采随运，轻装快运，防止阳光直晒，最好盖上湿布，保持桑叶潮湿。运到蚕室后即倒出，抖松散热，防止桑叶积压堆积发热变质。②给桑：大蚕期的给桑，以蚕的食欲为依据，结合残桑程度，温湿度及桑叶萎凋程度等因素来决定。一般大蚕室每昼夜给桑三次即可。室外土坑育，夏秋气温高，应增加一次给桑。应根据大蚕生长发育和食桑的特点，制订出每次用桑标准，要掌握少食期少喂，以八成饱为适当，盛食期多喂，使蚕儿充分饱食，特别是 5 龄盛食期，此时要给足叶量，以提高产丝量。催眠期，给桑量要逐渐减少，以稍留残桑为标准。给桑前，应先整理蚕座，使蚕分布均匀。给桑时将桑叶抖松，再将叶片均匀地摊于蚕座上。给条桑要注意将枝条基部和稍端支叉并列。枝条粗细和叶子的稀密要适当搭配，排列整齐。不要把枝条露出蚕座之外，防止蚕儿爬上枝梢而跌落地上。③扩座与除沙：随着蚕体的逐渐长大，原来的蚕座面积会显得狭窄拥挤。因此要根据蚕头的密度情况，不断扩大蚕座面积。大蚕的扩座在每次给桑前进行，其方法是将蚕从密处连带桑叶一起移到蚕座四周。如果满匾，则结合除沙加网进行分匾扩座；一般一盒蚕种大蚕期的最大蚕座面积为：4 龄 14 平方米左右，5 龄 36 平方米左右。匀座是在扩座后将分布较密的适当移至稀处，使蚕分布均匀，都能吃到桑叶，促使蚕体发育整齐。除沙：大蚕食桑多，排粪多，为了保持蚕座清洁干净，要勤除沙。一般4龄起除和眠除各1次，中除2次，共4次；5龄起除1次，以后每天除1次。除沙最好用网除，避免用手抓蚕除沙。④眠起处理：蚕的第4眠俗称“大眠”，大眠的眠性较慢，眠期时间长，眠起常不齐。因此加眠网要适当偏迟，以发现几头眠蚕时为加眠网的适期。注意提青分批，使早眠的早起饱食，迟眠的可饱食就眠。大眠眠中时间较长，在春季正常温度下需40小时左右，眠中饲育温度应偏低0.5～1℃。并保持安静，光线均匀，眠中前期保干燥（干湿差2～3℃），见起后适当补湿以利脱皮。大眠后饲食适期以群体全部脱皮起身，头胸昂起表现求食状态，绝大多数蚕的头部呈淡褐色时即可给桑。夏秋期因气温高，饷食可适当提早。眠中要防止震动和风吹，饲食用桑要新鲜，并控制给桑量。⑤饲养环境：大蚕适宜饲养在较低的温度和较干燥的环境里（表8－7）。

表8－7　大蚕常规饲育规范表（1盒多丝量品种）

龄别			4龄/℃	5龄/℃
饲育温度	食桑中	温度	24～25	23～24
		干湿差	2～3	3～4
	眠中	温度	23	
		干湿度	3～4	
饲食时间			第十一天17时	第十七天18时
加眠网时间			第十五天5时	
提青时间			第十五天16时	
每日给桑次数			3～4	4～5

续表

龄别	4 龄/℃	5 龄/℃
给桑量/千克	90	650
蚕座最大面积/平方米	14	36
除沙	起、眠除	每天一次
蚕体消毒/次	饲食、加眠网各一次	每天一次
备注	加强通风换次	蚕台育门开门窗；地蚕育给桑前一小时开门开窗，其他时间开窗

（资料来源同上表）

4. 上簇与采茧

（1）上簇　主要是根据养蚕的数量，准备好簇室簇具。前几年农村主要采用的簇型有蜈蚣簇、折簇、伞型簇、方格簇。现在浙江的山区蚕区已基本普及推广纸板方格簇从各种簇型看，纸板方格簇是一种茧质最好的簇具。方格簇营造的是横营茧适合蚕吐丝，体内残存的丝量少；方格簇悬挂空中，通风性好，能提高蚕茧质量。

纸板方格簇的制作。目前生产上使用的方格簇，是用牛皮箱板纸做成，根据排列方式的不同，可分为横式和竖式两种。横式方格簇纵 13 孔格，横 12 孔格，单片簇共 156 个孔格。竖式方格纵 18 孔格，横 9 孔格，单片簇共 162 个孔格。方格簇每个孔格的规格为 4.5 厘米 ×3 厘米 ×3 厘米，上簇时应使孔格的 4.5 厘米边长横向，3 厘米边长竖向，以利熟蚕结横营茧。使用前，应先把两片方格簇用竹片或小竹竿连接成双联簇片，方格簇与方格簇之间应有 3 个结头扎牢，方格簇与小竹竿用麻绳直向结牢。应将两片簇都换个方向连接，将孔格横向设置，使蚕结横向茧。

蚕到5龄末期，食桑逐渐减少而停止，胸部透明，体躯发软，排泄绿色软粪，头部向上摆动，此时蚕已适熟，应及时上簇。适熟蚕不多时，可捡熟上簇，随捡随上簇；大批成熟时，拎出其中少数熟蚕（又称青头蚕）另外喂养，其余全部上簇。

簇中环境的好坏，影响蚕茧品质的优劣。健强适熟蚕上簇后，一般在上簇一天后开始吐丝结茧，但在上簇后第二天，仍有少数在簇上爬动的“游山蚕”，应及时捡出另行处理，以免这些蚕排粪尿，污染其他蚕茧。上簇最适温度为23～25℃。温度过高，茧质差，低于20℃，则茧丝长度和茧丝量减少，出丝率低，不结茧蚕增多。一般在上簇时，要避免强风直吹，并保持光线均匀，不偏光。上簇一天后，蚕已吐丝营茧，这时要开窗通风换气，如遇低温要加温排湿，但要注意强风直吹或震动蚕簇。

（2）采茧　采茧要适时，当蛹体变成黄褐色时为宜，一般春蚕上簇后6～7天，夏秋期老熟上簇5～6天，晚秋蚕在上簇后7～8天，采茧过早，蚕尚未化蛹，有的蛹还很嫩，容易受伤出血，污染茧层，影响茧质。采茧过迟，会增多蛆孔茧，还会有蛹化蛾，增加蛾口茧的可能，造成不必要的损失。采茧时，动作要轻，批次要分清，先上簇的先采，后上簇的后采，并除净茧上的草屑、蚕粪等杂质；鲜茧运输工具，用竹筏、箩筐等通气性好的工具，并在中间插入气管或干稻草束，切忌塑料袋装。做到松装快运，尽量防震动、挤压、发热、日晒雨淋，鲜茧储存的时间越短越好。短期储存，必须放在低温、通风、干燥和宽敞的场地。要做到薄铺、轻放、轻倒和轻翻，尽量减少蚕茧的损伤和杜绝蒸热。

5. 蚕病及防治

蚕病的种类很多，大体分为传染性蚕病和非传染性蚕病两大类。传染性蚕病可通过病蚕传染于健蚕，往往给养蚕生产带来较大的损失；非传染性蚕病的病蚕不会传染于健蚕，这种病由蝇蛆、壁虱寄生、农药和工厂废气中毒以及机械创伤等引起。但近年来由于工业污染严重和农药使用不当，造成大面积的蚕中毒，使蚕茧生产遭受重大损失。因此，贯彻执行“预防为主”的方针，加强饲养管理，做好消毒防病，彻底消灭病原，增强蚕的体质，提高抗病力，显得尤为重要。

（1）**病毒性蚕病**　分血液型脓病、中肠型脓病和病毒性软化病三种，这种病是目前养蚕生产上最常见而危害最严重的蚕病。

①血液型脓病（核型多角体病）：该病又名体腔型脓病，俗称脓病、水白肚、爬蚕等。以春蚕和晚秋蚕发病较多。病蚕体色发白、全身肿胀、大部分环节肿起，皮肤绷紧发亮易破，行动狂躁，常爬行于蚕座四周和边缘，一边爬行、一边流牛奶状脓血，最后萎缩软化而死。尸体溃烂发黑。如发生在4、5龄盛食期，病蚕节间膜或各环节后半部高起，形似竹节，俗称高节蚕（图8－19），发生在5龄后期到上簇前，病蚕全身肥肿发亮，体色乳白，环节中央肿胀拱起，形似算盘珠，俗称脓蚕（图8－20），在3～5龄发生血液型病的蚕会出现焦脚、黑气门及背部两侧对称性黑褐色圆形病斑的黑斑蚕。

②中肠型脓病（质形多角体病）：该病俗称干白肚，夏秋季节发病严重，是家蚕的主要病害之一。病蚕出现空胸空腹，

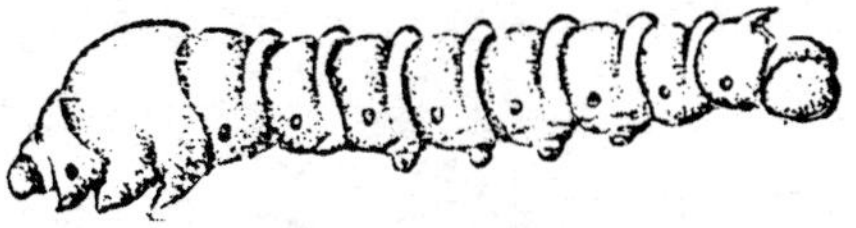

图 8－19　高节蚕

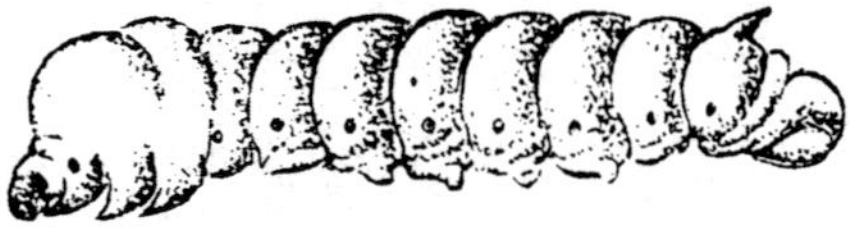

图 8－20　脓蚕

静伏蚕座四周，不吃或少吃桑叶，体驱瘦小，体色呈现黄白色或白色，胸部紧缩透明，活动力差，常静伏不动，排黏粪、白粪，有时吐出胃液而死。病重时整个中肠发白肿胀，发病群体大小不匀，发育不齐。

③病毒性软化病：病毒性软化病又称空头病，土名亮头。一般夏秋发病比较严重，是蚕的主要病害之一。

病蚕症状与中肠型脓病相似，同样表现为起缩、空胸、下痢和群体发育不齐等。病蚕中肠内特别是前端完全空虚，充满黄绿色以致赤褐色的肠液。发病严重的，往往整个肠腔内没有桑叶和粪便，通体透明，排出的粪便稀烂；病势严重时，粪便越来越稀，甚至排泄褐色污水。病蚕在蚕座中，常头胸昂起，易被发现。

（2）病毒性蚕病的防治　①养蚕前对蚕室、蚕具及室外周围，用 2%～3% 浓度的石灰浆或 1% 的有效氯漂白粉进行全面彻底消毒。室内墙壁用 2% 石灰浆粉刷一次，泥地蚕屋要刮去一层旧土，添上新土。②加强管理：喂桑、扩座和除沙等操作要轻，以免相互挤轧擦伤皮肤，减少细菌传染机会。③给桑前，除沙后要洗手，采叶篮和蚕沙篮要严格分开。并定期消毒。④选用优质桑叶，合理贮藏，保证蚕吃饱吃好，增强体质，提高抗病力。⑤加强蚕座检查，发现病蚕及时捡出，投入消毒药中。病死蚕接触过的用具，要经过消毒后再使用。⑥防止桑树害虫，杜绝交叉感染，防止混育传染。⑦做好眠起处理和提青分批工作，经常进行蚕体蚕座消毒，防止混育传染。⑧添食氯霉素预防此病发生。3 龄开始，每龄添食 1 ~2 次 500 单位氯霉素，按每粒片加凉开水 0.5 千克，即为 500 单位药液溶解后，均匀喷洒到桑叶上，稍干即喂蚕。⑨有条件的地区，推广病毒病早期发现蚕病，以便采取相应措施，减少损失。

（3）真菌性蚕病 蚕的真菌病，死后尸体都有僵硬不烂的症状，故名僵病或硬化病。常见的真菌病有白僵病、黄僵病、绿僵病和曲霉病四种。目前生产上最常见的是白僵病，各地都有发生，危害较为严重。

此病发病较快（3 ~7 天）。小蚕发病死亡快，一般在除沙时发现有白米般的白僵蚕。大蚕发病时蚕体出现有黑褐色针状斑点，最后口吐胃液而死。刚死的尸体柔软，尾部几个环节呈桃红色，逐渐僵硬发白。这种病蚕大多不能化蛹便死了，即便有少数化蛹的，也都是干僵的死蛹，体小干瘪，蚕茧又干又轻，摇晃时发出清脆的响声。

（4）真菌性蚕病的防治 ①养蚕前对蚕室蚕具使用 1% 有效氯漂白粉进行全面彻底消毒，杀灭病原。②使用漂白粉防僵粉对蚕体进行消毒，小蚕用含有效氯 2%、大蚕用含有效氯 3% 漂白粉防僵粉，或防病一号药粉。在蚁蚕和各龄起蚕各撒一次。饲养期中发现有僵病，每天撒药一次，直至不再发生僵病。撒药时，可将药粉倒入细筛或纱布袋中，轻轻抖拍撒到蚕体上，撒成薄薄一层即可。漂白粉防僵粉的配制：漂白粉有效氯为25%，配制2%时，可用2份漂白粉加23份石灰粉，配制3%时，用3份漂白粉加22份石灰粉；防病一号药，不需另行配制，可直接使用。1、2龄蚕撒用小蚕用药。3、4、5龄蚕撒用大蚕用药。撒药后，第一次喂桑避免喂湿叶，并注意不要和石灰同时撒用，以免影响药效。③控制蚕室蚕座的合理温湿度，加强饲养技术管理，创造良好的饲养环境，杜绝僵病危害。④做好桑园生态治虫工作，防止野蚕等桑树害虫的僵病交叉传染。

十、水蚯蚓的培养

1. 水蚯蚓的形态特征

水蚯蚓属环节动物门、寡毛纲、近孔寡毛目、颤蚓科、水蚯蚓（图8－21）属。是最常见的底栖动物，也是淡水底栖动物群的重要组成部分，它们像蚯蚓一样，把淤泥吞食而排出，有利于改变水底环境。水蚯蚓具有较高的营养价值，干物质中蛋白质含量高达70%以上，粗蛋白中氨基酸齐全，含量丰富，是鱼类优质的天然饵料，也是石蛙喜食的活饵料之一。水蚯蚓与陆生蚯蚓形体相似，但体形细小，长50～60毫米。通常生活于10～25厘米的泥层中，以摄食污泥中的有机物质为生。它一般不具备专门的呼吸器

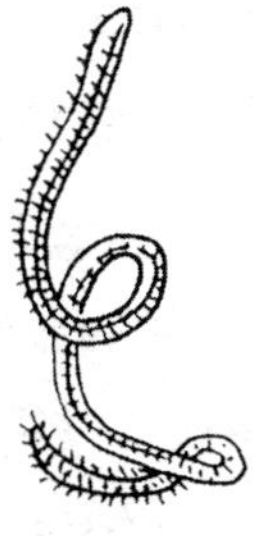

图8－21　水蚯蚓

官，通过身体表面积的增大和加快颤动速度，促使周围水流更新来调节呼吸。与陆生蚯蚓一样，水蚯蚓也是雌雄同体，异体受精。交配时，两条水蚯蚓前端以腹面相靠合，各自排精液到对方受精囊内贮存。交换精液后各自分开，卵成熟后，环带分泌黏物而形成带状的卵袋（卵茧），卵就产于其中。卵袋向前移动到受精囊孔处，精液即流入卵袋内而受精。卵袋内有卵 1 ~4 粒，多则 7 粒，生殖期每一成体可排出卵茧 2 ~ 6 个。受精卵在卵袋发育成水蚯蚓，水温在 22 ~ 32°C 时，卵化期约为 10 ~15 天。在南方一年四季均可繁殖，在 7—9 月，水温 28℃时繁殖最快，产茧最多，孵化率最高。幼蚯蚓出膜后常以头从茧的柄端伸出，水蚯蚓生殖时常有群聚现象，因此在微流水处常会见到粉红色的水蚯蚓聚集成群的团块，水蚯蚓具有很强的再生能力，切断后仍能各自生成完整的个体。水蚯蚓食性很广很杂，既可吞食泥土，又可以从土中食进腐屑，细菌及底栖藻类，有时也吃丝状藻类和小型动物。

2. 水蚯蚓的野外捕捞与保存

天然水域的水蚯蚓资源比较丰富，每年秋季气温隆至28°C左右时即可到野外捕捞水蚯蚓，水蚯蚓的种源在城镇近郊的排污水沟，畜禽饲养场及屠宰场，糖厂、食品厂等排放的污水沟等处较为丰富，可就地采种。捕捞水蚯蚓时要连带泥团一起挖取，装满桶后，盖紧桶盖。需要捞取时，即可打开桶盖，便能见到浮于泥面上的水蚯蚓。捞取的水蚯蚓即可放入池里进行引种。捞取的水蚯蚓暂时不能放养池中，则需每日换水 2 ~ 3 次。水蚯蚓的保存时间较短，一般在春、冬、秋三季可保存一周左右，但在保存时间若发现虫体颜色变浅且相互分散不成团时，蠕动又明显减弱，即表示水中缺氧。虫体体质减弱，有发生死亡的危险，应立即换水冲氧抢救。在夏季高温时，暂养水蚯蚓的浅水器皿应放在自来水龙头下用小股细流水不断冲洗，这样才能延长保存时间。

3. 水蚯蚓的人工培育

水蚯蚓用于人工培养的种类主要有霍氏水丝蚓，其个体长4~6厘米，也有10厘米或更长的，其群体产量较高。水丝蚓喜生活在泥的微流水水域。平时潜入淤泥浅层处，低温时深埋泥中。喜暗，怕烈日暴晒。刚孵出的丝蚯蚓体长为6毫米，2个月左右性成熟。水蚯蚓寿命较短，约为3个月左右，体长50~60毫米。

（1）建池　要选择一个适合水蚯蚓生活习性的生态环境来挖坑建池，要水源充足，水质良好，最好有微流水，土质疏松、腐植质丰富的避光处，面积视培养规模而定，一般以3~5平方米为宜，最好长3~5米，宽1米，水深20~25厘米，两边堤高25厘米，两端提高20厘米。池底要求保水性能好或敷设三合土，池的一端设一排水口，另一端设一进水口。进水口设牢固的过滤网布，以防敌害进入，堤边栽种南瓜、丝瓜等藤蔓作物遮阳。

（2）制备培养基料　制备良好优质的培养基，是培育水蚯蚓的关键，培养基的好坏取决于污泥（如鱼塘淤泥，稻田肥泥，活水沟边的黑泥等）的质量。选择有机腐殖质和有机碎屑丰富的污泥为培养基料，蓬松剂（如甘蔗渣等）和有机粪肥（牛粪、鸡粪等）三类物质。先在池底铺一层甘蔗渣或其余蓬松剂。用量为每平方米2~3千克。随即铺上一层污泥，使培养基总厚度达到 10 ~ 12 厘米，再加水沉没基面，浸泡 2 ~ 3 天后施牛、鸡、猪粪，每平方米施入 7.5 ~ 10 千克左右作基底肥，然后在下种前每平方米再施入米糠、麦麸、面粉各三分之一的发酵混合饲料 150 克。

（3）引种　每平方米引入水蚯蚓 250 ~ 500 克为宜，若肥源、混合饲料充足时，多投放些种蚓，产量更高。一般引种后 15 ~ 20 天后即有大量幼蚯蚓密布土表，刚孵出的幼蚯蚓，长约 6 毫米左右，好像淡红色的丝线，当见到水蚯蚓环节明显呈白色时即说明已达到性成熟。

（4）日常管理　①水的管理：蚓池的水深应保持 3 ~ 5 厘米为佳。若水过深，则水底氧气稀薄，不利于微生物的活动，投喂的饲料和肥料不易分解转化，过线时，尤其在夏季光照强，影响水蚯蚓的摄食和生长。水蚯蚓喜群集于泥表层 3 ~ 5 厘米处，有时尾部露于培养基表面，受惊时尾鳃立即潜入泥中。水中缺氧时尾鳃伸出很宽，在水中不断搅动；严重缺氧时，水蚯蚓离开培养基聚集成团，浮于水面或死亡。因此，培育池水应保持微细流水状态，缓慢流动，防止水源受污染，保持水质清新和丰富的溶氧。水蚯蚓适宜在 pH 值 5.6 ~ 9 的范围内生长，因培养池常施肥投饵，pH 值时而偏高或偏低。水的流动，对调节 pH 值有利。水蚯蚓生长的适宜水温为 10 ~ 25°C。溶氧不低于 2.5 毫克/升。蚓池的进出水口应设过滤网以防小杂鱼等敌害进入。②饵料投喂：水蚯蚓爱吃甜味的粮食类饲料。畜禽肥料，生活污水，农副产品加工后的废弃物也是它们优质饲料。但是新投饲料（尤其是粪肥）应充分腐熟、发酵后，方能使用。否则直接施入池内发酵会产生高热而“烫死”

水蚯蚓。粪肥可在粪缸里直接发酵腐热。粮食类饲料一定要经过 16～20 天发酵腐熟处理后才可使用。投饵一般每 3 天投喂 1 次即可、每次投喂以每平方米 1.5 千克粮食饲料混杂 2 千克粪肥稀释均匀泼洒，但在投铒时应停止进水，以免饲料流失。

（5）**清除敌害**　养殖期间，蚓池培养基表面常会覆盖青苔杂藻，这对水蚯蚓的生长极为不利，必须将其清除。方法是用“T”形木耙将蚓池的培养基认真推土一次。一是防止培养基板结。二是能清除水蚯蚓的代谢物饲料（肥）分解所产生的有害气体。三是可大大降低青苔的光合用而抑制其生长。四是能保持培养基表面平整，有利于水流平衡畅通。但不能用硫酸铜等药物杀灭青苔，因水蚯蚓对各种盐类的抵抗能力很弱。

早春时节，气候较冷，白天可将池水放浅一些，以利用太阳能提高水温，夜晚可适当加深，以保暖防冻，盛夏高温期池水宜深些，以减少阳光辐射，最好在蚓池上空搭架遮阳网。太大的水流不仅会带走培养基的营养物质，而且还会加剧水蚯蚓的自身消耗，对其生长不利。但水流过小甚至“死水一潭”，又不利于溶氧的供给和有害物质的排除，从而导致水质恶化，引起蚯蚓体大量死亡。另外，还要防止泥鳅、黄鳝、水蛇、青蛙等敌害的侵入，一旦发现及时捕捉，不然将会大量吞食水蚯蚓。

（6）采收　水蚯蚓的繁殖力强，生长速度快，新建蚓池引种 30 天后便进入繁殖高峰期，且能保持长盛不衰。在繁殖高峰期，每天繁殖量为水蚯蚓种的 1 倍多，在短时间内可达到相当大的密度。一般在下种后 15～20 天即有大量幼蚓密布在培养基表面。幼蚓经过 1～2 个月就能长大为成蚓。由于水蚯蚓寿命不长，只有80天左右，少数能活到120天，因此要注意及时采收，否则常因水蚯蚓繁殖过密而导致死亡自溶而减产。通常在引种30天左右即可采收。采收的方法是：在采收前的头一天晚上断水或减少水流量，造成蚓池翌日早晨或上午缺氧，此时水蚯蚓群集成团漂浮水面，便可用20～40目的聚乙烯网布做成手抄网捞取，每次捞取量不宜过大，应保证一定量的蚓种，一般以捞完成团的水蚯蚓为止，这样既不影响其群体的繁殖力，也不会因采收不及时而降低产量。日采收量以能到每平方米50～80克为宜。

4. 用滤泥培养水蚯蚓

滤泥是生产蔗糖的下脚料，含有大量的酵母菌，用它来培养水蚯蚓，效果非常好。用滤泥培养水蚯蚓，方法简单，成本低，产量高。土池、水泥池或用塑料薄膜铺设的培养池均可采用，面积可大可小。

培养的方法是：先在池底铺上10厘米厚的软泥，整平后在泥土上施放0.2～0.5厘米厚的滤泥，再引入适量的水蚯蚓种，池面如果搭有瓜棚，水层保持在1～3厘米即可；在阳光直射的情况下，水深可加至20～40厘米，培养过程中每隔3～5天每平方米追施淤泥1～2.5千克，大面积培养可设置循环水路。

采收时把水蚯蚓带表层泥土一起捞取，置于桶中，加盖隔绝空气，待水蚯蚓在水表层集结成团时便可捞取，也可预先在培养池中撒上蚕豆般大小的饭块，水蚯蚓会聚集在腐烂的饭块周围摄食，结成一个小蚯蚓团，采收时用聚乙烯网捞取，采收十分方便。温度在20～32℃的季节中，每平方米每天可捞取

0.20克。冬季水蚯蚓钻泥越冬，只需保持泥土湿润即可保证其安全越冬。

十一、土元的饲养

土元（彩照26），俗称土鳖、簸箕虫、山蟑螂、地乌龟等。在动物分类学上属于昆虫纲、蜚蠊科，是一种名贵中药材。近年来，它被广泛用作人工养殖动物的鲜活饵料，取得很好的效果。

土元在我国分布很广，主要品种有中华真土元、苏土元、冀土元和金边土元等。其中，以中华真土元分布广，药用价值高，目前人工养殖的绝大多数为这个品种。金边土元，又名东方片蠊，个体较大。它是蟑螂的家庭成员之一，也作药用，但这种土元性野，容易逃跑，不好饲养。我国主要产于福建、台湾、河南、广东及云南等地。此外，我国出产的还有三种：云南滇池土元、西藏土元和珠穆朗玛土元。

1. 土元的形态特征

土元雌雄异形，雄虫有翅，雌虫无翅。雌虫长约3厘米左右，体扁平，背部隆起似鳖甲，故有土鳖之称。黑色而带光泽。头小，向腹面弯曲，觅食时则伸出，并可见其颈，口器咀嚼式，大颚坚硬。复眼发达，肾脏形，单眼2个。触角丝状，长而多节。前胸扩大如盾状，前狭后阔，盖于头上，背上有横节覆瓦状排列，步行足3对，肢发达，善于爬行。雄虫个体较小。前胸呈波状纹，有缺刻，具翅2对，前刺革质，后刺膜质，不用时摺成扇状。足3对，发育相等。善走能飞。雄虫第九板有腹刺1对，雌虫第八、第九两腹板缩减于第七腹板里面，生殖器不突出。

2. 土元的生活习性

土元喜阴暗潮湿的环境，昼伏夜出，畏寒，怕阳光，在炎热的夏季，放在烈日下几分钟，即被晒死。常活动在农村灶门前的柴草堆下，屋边墙脚的阴暗角落，油坊、磨坊、牲口槽下、糠麸堆里的潮湿疏松的泥土里，爬来爬去，川流不息。

土元的生长规律，随各地气温的差异而有所不同。据调查资料，在河南一带，土元于每年春季的惊蛰（即 3 月下旬），开始出土活动，4 月底少量产卵，5 月逐渐增多，6—9 月为盛产期，10 月、11 月逐渐减少，冬眠期不产卵。雌虫产卵的次数参差不一，有一周产 1 个的，有 4 天产 1 个，也有 2 天产 1 个，极少数 1 天产 1 个的。产卵的数量，与土元的年龄与饲料质量有关。新成虫，产卵量较多，老成虫产卵稀少。饲料营养好，土元吃得饱的，产卵量就多；反之，就会减少。据观察，1 只雄虫能交配 10 只雌虫。雌虫交配 5 ~ 7 天便开始产卵。土元的卵鞘（块）如豆荚状，长短不一，外壳胶汁，深棕色。胶壳内包裹卵子。乳白色，下钝上锐，两粒并列，均匀排在卵壳内，卵子的多少，视卵鞘（块）长短而异，一般 6 ~ 12 粒，个别长卵鞘（块）可达 18 粒，小卵鞘 2 ~ 4 粒。平均每个卵鞘，可孵出 8 ~ 9 只幼虫。

3. 土元的繁殖

土元在生长过程中，分丸（卵鞘）、幼虫、成虫三个阶段。卵鞘（块）孵化，为土元繁殖生长的第一阶段。孵化方法：在收集到卵鞘（块）后，用水湿润一下，均匀插入池内养殖土中。卵鞘（块）数量少，可用脸盆孵化，在温度 30 ~ 32℃ 左右，经46～50天，幼虫就孵化出来。如果气温偏低，卵孵的天数就会延长。因此，最好将孵化盆放到温室里，这样温度高，可早日孵出幼虫。也可将孵化盆包上纱布，上面盖些柴草，也可以提高温度，缩短孵化时间以利早日生出幼虫。在孵化过程中，如发现养殖土干燥，要适当洒些凉开水，操拌均匀，使养殖土经常保持潮湿，有利于虫卵孵化。同时要经常检查，如发现已有幼虫孵出，就要开始喂食，可在养殖土上撒些玉米面。如要分拣出卵鞘壳（空壳）与未孵化的卵鞘（块），可用两个手指轻轻捏一下卵鞘，已经出虫的卵鞘，则会从锯齿状的一侧裂口，而未孵出的卵鞘，则不裂口。

刚孵出的土元幼虫，称若虫，如芝麻粒大，白而带米黄色。过半个月，脱第一次皮。刚脱皮的幼虫为白色，后变为浅棕色。再过半个月，脱第二次皮，由浅棕色变为棕色。以后每脱一次皮，体色便加深一些，直至黑色。体形也随着脱皮次数的增加逐渐增大。土元一生要脱9～11次皮，才变为成虫。由于雌雄差别和得食多少不同，就是一起出生的“双胞胎”，经过几次脱皮以后，也出现大小差异。雄虫一般比雌虫长得快些。最后一次脱皮，才为成虫，正式分出雌雄。雄虫长出翅膀，雌虫无翅膀。然后雌雄自由交配。雌虫交配后7天开始产卵。雄虫成长后，一个月就自然死亡。雌虫的寿命比较长，直到老死以前还能陆续产卵，不过产卵量要比青壮龄时少。

4. 土元的食性

土元是杂食性昆虫，各种粮食糁子，麸皮、米糠、玉米粉等，都是土元的主要饲料。但在使用前应放入锅里微炒一下。达到有料香气。炒过的饲料，第一：土元更爱吃；第二：撒到养殖土上不容易坏，也少生虫，食用更安全。黄豆也要放到锅里炒一下，然后粉碎，拌入麸皮或玉米面中，即可投喂。黄豆蛋白质高，营养丰富，是产卵期和冬眠前催肥的好饲料。在夏秋季节，土元需要大量水分，因此要多喂瓜果、蔬菜等多汁饲料。如南瓜、西瓜皮等，味甜、适口，土元特别爱吃。但南瓜必须煮熟，切块投喂，青菜叶、番薯叶、大白菜等，喂时要尽量切碎，撒到养殖土上，每到夜晚土元会爬来觅食。要经常检查，发现有霉烂变质现象时，要及时捡出，更换新鲜的食物。其他，如剩馒头、剩饭、剩菜、肉骨头、肉汤等，都是土元的“美食”。肉汤的喂法，用少量汤汁与麸皮拌匀，撒在养殖土表面。

土元食量少，且比较稳定，以一万只为例，一次投喂精饲料300～500克即够，一次投食可管两天或三天；无需每天投喂。

5. 土元的饲养

（1）饲养池养殖　家庭庭院养殖，可就地取材，利用缸、盆、坛、木箱、塑料桶等养殖。如果养殖规模大，应选择空闲的房屋、厂房、库房、废弃的学校宿舍、蔬菜大棚等。用砖砌成饲养池，池子的大小，可根据室内空闲地的大小，灵活掌握。没有适当的房屋，可在院子里搭一些简易工棚，只要顶上不漏雨，下边晒不到太阳，也可以饲养。为了方便清土和筛拣卵块，饲养池不要砌得过宽，只要用手从这边够到那边即可。一般池子的规格为：80厘米×200厘米×50厘米。池子以7～8只为一层，进行立体养殖，两池上下之间的距离为25厘米。池子上口可安装6～8厘米宽的玻璃，以防土元爬出。两排池子之间的过道约70～100厘米宽。过道太窄影响操作和物资运送。池子深的比浅的好，深池便于冬季加土和铺草，利于土元越冬。池子的砖缝，要用水泥或石灰浆抹平。防止幼土元钻入泥缝中，不易筛拣。池面要加盖竹帘或纱窗制成的盖子，防止敌害侵入池内，食害土元。

养殖土一般用70%的锯末，30%的细沙土（不要用黏性土）。春夏季，土元活动量大，可按此比例。因为锯末多，土壤疏松，通气性好，也容易散热，利于土元呼吸。秋冬季土壤的比例可大一些。因为这时土元的活动量已逐渐减少，土的比例大了，结构细密一些，易于保暖。养殖土配制好后，再喷洒一些清水，搅拌均匀，达到握之成团，松手能散，有潮湿感。然后平铺于饲养池中，夏季10～12厘米。冬季适当加厚，利于保暖越冬。

筛子是养殖土元常会用到的工具。筛子最好用铁纱或尼龙窗纱做底，用这种筛子筛土块，不容易蹩掉土元腿。利用竹篾制的筛子也好用。目前常用的筛子有3种规格。第一种稀筛。筛孔0.6～0.8厘米。第二种粗筛。筛孔0.3～0.4厘米。细筛，筛孔0.1～0.2厘米。以备筛取卵鞘（块）时用。

（2）土坑养殖　选择地势较高的空屋或草舍，只要下雨不漏水，前后可开窗，便可挖土建坑养殖土元，土坑的大小，要因地制宜，一般坑深60厘米左右，无积水即可。坑底要夯平夯结实。四周用砖砌高出地面20～30厘米，内、外用水泥或石灰刷光滑，坑内分格，每格为0.3平方米，放入肥沃、潮湿的细沙土30厘米深。然后将大、中、小土元分别放入坑中饲养。坑面用竹帘纱网或尼龙纱布等罩盖，以防鸡、鼠侵食。防止蚂蚁危害，可在坑四周挖一小沟，撒上石灰粉，再放些可湿六六六粉，可将蚂蚁杀死。

6. 饲养管理

春季：天气转暖，土元开始苏醒，这时应将养殖土上的盖草去掉，并将养殖土筛拣一次，清除泥块杂质和死虫粪便等，拣出越冬期产的卵块，如发现养殖土干燥，应喷洒少量清水，搅拌湿润，然后将筛出的成虫（个头大，臀部宽圆，腹下明镜，尾部生殖器疙瘩较大）、近成虫（个体接近成虫，臀部不宽圆，腹部灰暗，生殖器不发达）、幼虫（不具备上述特征的，均为幼虫）分开饲养，并开始喂食。

夏季：4 月底，5 月初，气温升高，土元的活动量逐渐加大起来，并开始少量产卵，当气温超过 35℃时，应前后开窗，通风降温，如发现养殖土干燥，要用喷水器向养殖土直接喷水，但不要立即翻动养殖土，应稍等片刻，使水渗入土中后，再用手或铁铲上下搅拌（可连同土元一起搅拌着），不然，泥土干燥后容易结成硬砣砣，这段时期是土元的活动高峰期，也是产卵旺季，要勤管理，勤检查，每天晚上喂一次料，同时要求每隔 2 ~ 3 天喷一次水，使养殖土保持疏松湿润，成虫池每隔 3 ~ 5 天筛一次卵块，方法是：先用细筛过筛，这样可以把土元产下的卵和屎一起清出来，然后过粗筛，就会将卵块筛出来，漏下的土元屎，可倒在粪推上作肥料，随着气温的攀升，土元产卵率也会不断提高，因此要求每天筛一次卵，从而减少土元吃卵的机会。夏天炎热，土元的需水量特别大，除经常使养殖土保持一定的湿润外还需多喂一些青菜叶、瓜果皮、番薯叶等多汁饲料，以免土元干渴而死亡，为使土元防暑降温，也可在养殖土下，接近池底的地方，放置一些用水浸湿的瓦片，土元会集中在瓦片底下“乘凉”。

秋季：仍是土元大量产卵的季节，同时，也是近成虫继续生长成为成虫的时期，因此，这时还要注意清理近成虫和幼虫，挑拣出雌成虫和雄成虫，把它们合并在一起饲养，以便管理和筛取卵块。

冬季：立冬后，气候进入严寒，因此要不断加厚养殖土，土深应达到20厘米左右，并多喂一些含脂肪的食物，如猪肺，带肉筋的熟骨头，肉汁汤等，同时，多汁饲料还不能少，尽量使土元吃得好吃得肥，增加御寒能力，使其顺利越冬。小雪后，大雪前，要继续增加养殖土和加盖茅草，盖好池盖，防止敌害侵入，这样就可安全越冬了。

7. 土元的病害防治

土元的生命力强，很少发生疾病，常见病有以下几种：

（1）体腐病 该病由于池内养殖土湿度过大，换土和过筛不勤所引起，病虫头部下垂，腹部肿大，行动迟钝，不入土，不吃食，最后虫体腐烂而死。

防治方法：池内土不要过湿，每次投喂饲料不宜过多，过筛要勤，在饲料中加入少量小苏打粉，或喷洒少许酒精，就能治好。

（2）绿霉病 又称软瘪病，由霉菌感染所引起，是严重危害土元的疾病之一，患病土元体色灰黑无光泽，脱皮困难，爬行迟钝，不入土，不吃食，形体逐渐干瘦，后期腹部收缩，触角下垂，体柔软，不久腹部朝天，如不及时治疗，则很快死亡。

防治方法：①白沙清毒液1∶1 500稀释后，对虫体喷洒灭菌。②金霉素、四环素、土霉素或红霉素 1 克，拌入 1 千克麦麸中投喂 2 ~ 3 次，直至痊愈。③0. 5% 甲醛水溶液，1∶50 漂白粉溶液或 0. 1% 米苏尔水溶液。用法：更换新泥，喷洒饲养池消毒。

（3）黑腐病　此病由于食用腐败发霉的变质饲料及腐败的饲料昆虫，或饮用不洁净的水，吃了病残的虫后，都会引发黑腐病。

早期发病的土元，前腹呈黑色，腹胀，活动减弱，食欲不振甚至停食，继而前腹部出现溃疡性病灶，用手挤压会流出黑色污秽物。病虫多在病灶形成时死亡，病程短，死亡率高。

治疗方法：①用 0. 3% 的高锰酸钾水溶液喷洒地面、墙壁、饲养池进行消毒，也可用 1% ~2% 的甲醛或百毒杀 1∶600 倍的药液消毒。②用大黄苏打片 0. 5 克，土霉素 0. 1 克，混合饲料 100 克，拌匀投喂。③用小苏打片 0. 5 克，中效或长效磺胺 0. 1 克，配合饲料 500 克，拌匀投喂。④用复合维生素 1 克，红霉素 0. 5 克，配合饲料 100 克，拌匀投喂。

（4）卵鞘曲霉病　此病由于卵块感染曲霉菌所致。主要表现为卵鞘发霉，鞘内卵粒腥臭，并在卵鞘上长出白色丝菌，与饲养土黏成块。出现卵和幼龄若虫大批死亡。

防治方法：用 3% 的漂白粉 1 份，石灰粉 9 份，混合搅拌后，取少量药粉轻轻撒在卵鞘上消毒半小时，然后筛去药粉进行孵化。

要求池内干燥，湿度控制在 20% 以下，卵块隔 7 天收 1 次，并进行消毒，若有幼虫孵出时，应每隔 3 天过一次筛，幼虫孵化时，要注意食物投放，以免剩料发生霉烂。

（5）便秘病 土元进食后，因体内缺乏水分，导致粪便堵塞，病土元有大便动作，但粪便拉不出来，土元食欲减退，反应呆滞，机能失调。若发现其后腹部颜色由深变浅，直至呈灰白色，这时便出现死亡。

防治方法：要使土元保持充足的饮水，且要多喂多汁饲料。用大黄苏打片 2 片，研末后溶于少量酒中，加水至 1 升。喷雾土元虫体和饲养池。

（6）螨虫病 螨虫是寄生在土元体表常见的寄生害虫，以吸食土元的体液为生，使虫体逐渐消瘦，患病初期仅头部、额部有少量螨虫，晚期螨虫布满体表，虫体日益消瘦，精神不安，不吃食，爬行无力，最后衰竭而死。

防治方法：①乐果乳剂溶液 1∶2 000 稀释后喷洒地面消毒。②用杀虫脒 0.1% ~0.2% 水溶液喷洒。

严格选种和消毒：①引种时，要到正规单位进种，以防种源带螨。②防止饲料带螨侵入，因此，使用糠麸前用微火炒熟，杀死其中的螨虫。③养殖土在使用前应暴晒并消毒。以后每隔 3 个月更换一次饲养土。使饲养土保持清洁、干爽、疏松、干湿适宜。④养殖室要通风、透光。土元养殖方式尽量将池养式改为立体盆养式，因为池养面积大，一旦发现螨虫不易隔离杀灭。

（7）大肚病 又名腹胀病，肠胃病，这是由于土元体内水分和营养积累过多而引起此病。病虫腹部肿大为其主要特征，用手挤压腹部易破裂，并有黄色脓水流出，粪便变成绿色或酱油色。

防治方法：①黄连素100克，拌于100千克精料中，连喂3天。②干酵母（食母生）1片（0.2克/片），复合维生素50毫克，环丙沙星50毫克，研细拌入500克饲料中投喂，每日3次。③胃蛋白酶5片研碎拌于250克精料中投喂，连喂2～3次。该方用于由暴食动物性饲料而引起的疾病。

该病预防为主，合理调节饲养土湿度和饲料含水量，更换潮湿的饲养土，多开门窗通风换气，使室内空气新鲜，适当增加精饲料，少喂青饲料。

（8）天敌与农药 土元的天敌较多，如老鼠、蚂蚁、蜘蛛、家禽、鸟类、猫、鼠妇等。因此建造饲养室要用纱窗密封、防止天敌侵入。

第九章
石蛙敌害与病害的防治

石蛙生活于水质清澈的山涧、溪流之中，相对比其他鱼类和两栖动物病害发生率较低。但人工饲养条件下，由于室内集约化养殖和圈养的关系，活动范围小，饲养密度过大，常会受病毒、细菌、寄生虫等病原体的侵害，从而引起各种疾病。若气候多变，或高温季节，管理不善，水质污染，食料单一，造成营养不良，机体代谢失调，也易患病。实践证明，蛙病一旦发生完全靠药物治疗是难以奏效的。因此，在蛙病防治方面还应贯彻“全面预防、积极治疗、无病先防、有病早治”的方针，要把防病，当作一项重要的管理工作来抓。

第一节　石蛙敌害的防治

一、藻类

蛙池中常见的藻类有青泥苔（图 9 – 1）、微囊藻（图 9 – 2）、水网藻（图 9 – 3）等，这些杂藻及其孢子常随灌水或投

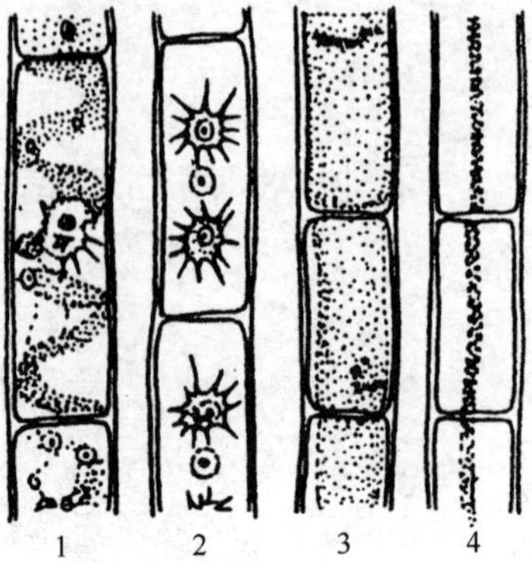

图 9－1　青泥苔

1. 水绵；2. 双星藻；3. 转板藻；4. 转板藻侧面观

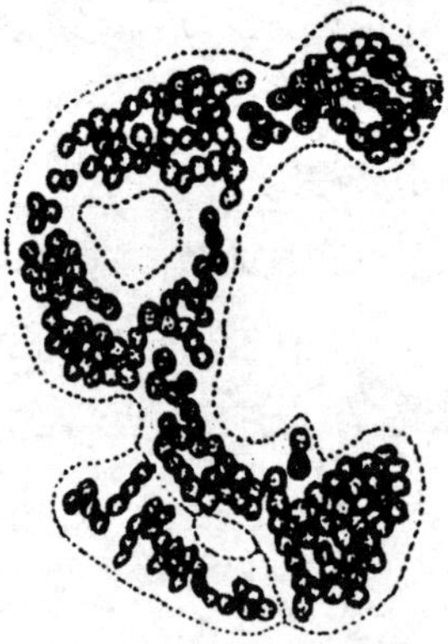

图 9－2　微囊藻

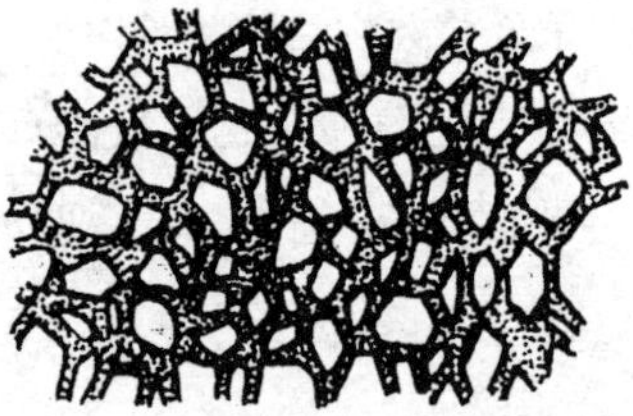

图 9－3　水网藻

放水草和天然饵料时带进池中，对蝌蚪的危害极大。每年春季，各种藻类的孢子开始萌发成像头发丝似的藻类，占据着蛙池的空间，吸收水中的营养，使池水变清，影响生物饵料的繁殖，对蝌蚪的危害尤为严重，当蝌蚪一旦游入其中，往往被藻丝缠住（图 9 –4），因无法挣脱而死亡。在繁殖盛期，蝌蚪身上都长满了藻丝，严重时影响其生长。

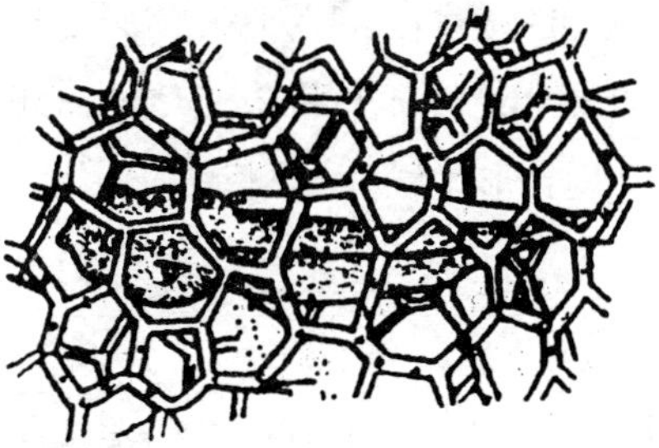

图 9 –4　蝌蚪被杂藻缠住

防治方法：①用生石灰清塘能有效杀灭青泥苔。每亩（水深为 1 米），需用生石灰 75 千克，化水后全池泼洒；②每亩用 50 千克草木灰撒在青泥苔上，使青泥苔因得不到适当的阳光无法进行光合作用枯黄而死；③用 0.7 ~ 1.4 毫克/升硫酸铜溶液全池泼洒，藻类不久便自行死亡；④蛙池中适当放些罗非鱼（个体重 20 克以上），每亩放养 1 500 ~ 2 000 尾，20 ~ 30 天后水色呈淡黄色时即可捕出。对不适宜养罗非鱼的池塘，可采用网箱养鱼，同样可取得良好的效果。

二、昆虫

1. 龙虱

水生，为鞘翅目昆虫。其幼虫又名水蜈蚣、水夹子。其成虫体呈椭圆形，长约为 4 厘米，宽约为 2 厘米。身体除触角、足、前胸两侧和鞘的边缘为黄褐色外，其余均为黑褐色。头部有复眼1对，触角丝状具11节，鞘翅有纵列黑点3条，后足特化为游泳足。它的成虫和幼虫（图9－5）均捕食蝌蚪。成虫在白天静伏水边，伺机捕食蝌蚪，晚间则飞到空中，转移它池。水蜈蚣比成虫凶猛贪食。1个晚上1只水蜈蚣可捕食4厘米的蝌蚪6～10尾，尤以体长为2～3厘米的蝌蚪受害最重。其头部前面的1对钳形大鳄，一旦将蝌蚪钳住就很难逃脱。

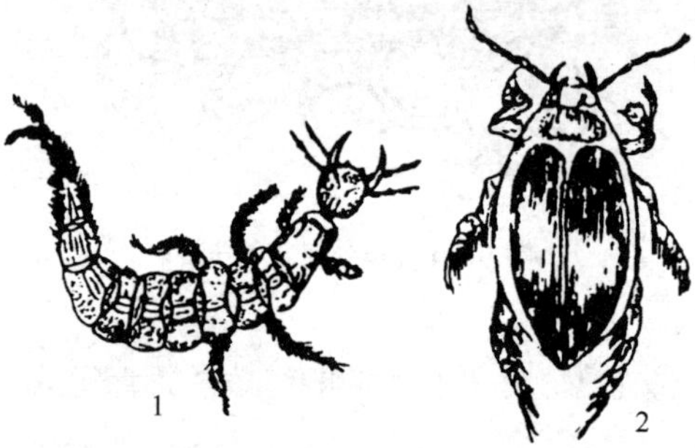

图9－5　龙虱

1. 幼虫；2. 成虫

防治方法：蝌蚪放养前，每亩用50～70千克生石灰清塘（水深为1米），以杀死水蜈蚣。蛙池注水时，要用密网过滤，防止龙虱和水蜈蚣随水进入池中。或用0.7～1.0毫克/升的90%晶体敌百虫全池泼洒，24个小时池内有效。也可用网将昆虫连同蝌蚪一起拉至池塘一边并密集网中，然后洒入少许煤油，昆虫触及煤油会死亡，而对蝌蚪无害。

2. 红娘华

又称小蝎子，体长而扁，长为3厘米左右，通常呈黄褐色。头小有复眼1对，口吻锐利，口器吮吸式。前足发达呈镰刀状，腿节膨大，基部有1束状突起。附节1节，善于捕捉食物，对蝌蚪危害大。中后足细长。前翅大部分为革质，后翅膜质。尾部有2条与体长相等的针状呼吸管（图9－6）。身体常倒悬水中，使呼吸管露出水面进行呼吸。红娘华在我国分布很广，主要危害中小蝌蚪。

图9－6　红娘华

防治方法：与龙虱相同。

3. 水蚕

是蜻蜓的幼虫，水生，生活在水底泥沙和水草间，体色常随栖息环境而变化，一般为褐色或稍带绿色。有特殊的捕食口器，下唇特别发达，能覆盖口器的其他部分，有的能覆盖全部颜面，称为脸壳（图9－7）。脸壳平时折叠在口下，捕食时能伸出，还能喷水前进。常捕食蝌蚪，且大量从腹部咬死蝌蚪。

图9－7　水蚕

防治方法：在夏季应在池边喷敌敌畏农药，防止蜻蜓在池内产卵。

4. 仰泳蝽

又名松藻虫或仰泳虫。属仰泳蝽科。体长为0.7～1.3厘米，体色呈灰黑色，体背隆起如船状。后

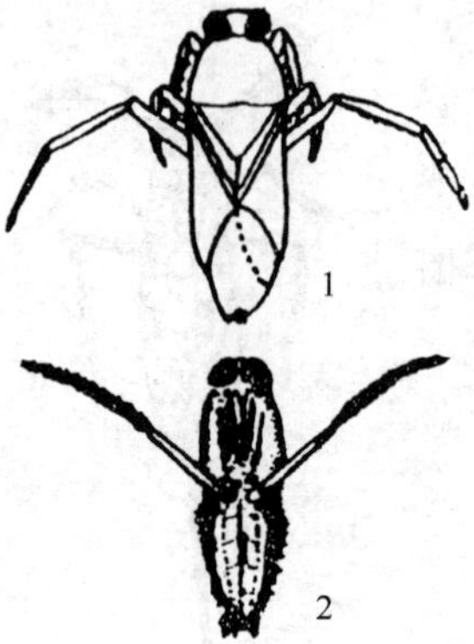

图 9－8　仰泳蝽
1. 背面观；2. 腹面观

足甚长，呈桨状，胫节、跗节扁平，有缘毛（图 9－8）。前胸部能运动。腹面密生长毛，毛隙含有空气，供呼吸用。仰泳蝽为半翅目昆虫，捕食性强，常在白天捕食池塘中的蝌蚪，用其刺状的口吻刺入蝌蚪体内，吸吮体液，晚间则飞出水面侵害幼蛙。

防治方法：用 1 毫克/升的敌百虫溶液泼洒全池。

5. 田鳖

体形扁椭圆形，黑褐色。头小、呈三角形，触角短、具 4 节，复眼大、呈绿褐色，口器为吮吸式。前足腿节肥大，跗节 1 节很短，末端有一强大的勾爪，适于捕捉。中足、后足扁平，各有 2 个长爪，具缘毛，适于游泳。腹部 6 节，末端有 2 个短而能自由伸缩的呼吸附属器（图 9－9）。

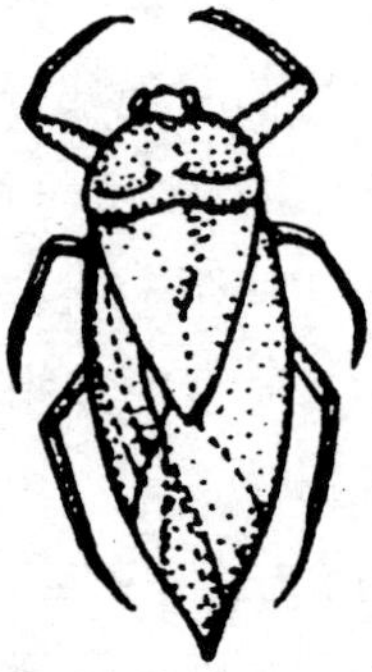

图 9－9　田鳖

防治方法：与龙虱相同。

6. 中华水斧

又称螳蝽或水螳螂。属褐蝽科昆虫。体形细长，长约 4 厘米，黄褐色（图 9－10）。头小，复眼凸出、呈黑色有光。前足呈镰刀状，基节长，善于捕捉食物；中后足细长，用以游泳和步行。口器吸吮式，非常锐利。尾端有1对和体长相等的呼吸管。

防治方法：与龙虱相同。

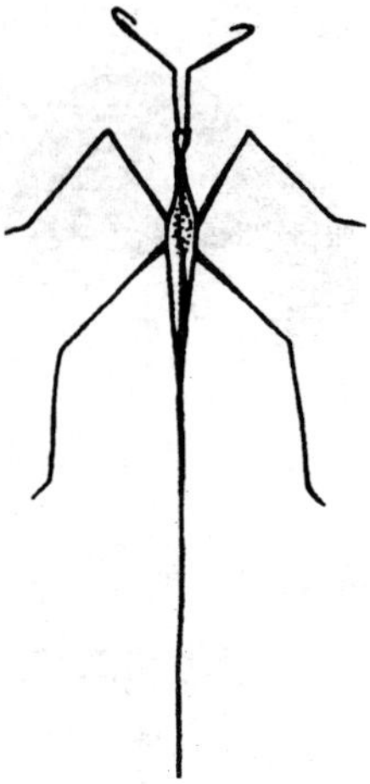

图9－10　中华水斧

三、哺乳类动物

1. 鼠类

包括家鼠、水鼠等。背毛棕褐色至灰褐色。腹毛呈灰白色。多栖息于居室、仓库、湖边、农田、池边、丛林等处。夜间比白天活动频繁，警觉性高，遇到惊动即逃避，动作灵敏。繁殖率强，每年生6～8胎，每胎7～15仔。喜吃蛙类，食量大，1只老鼠1年能吃掉几百只蛙，咬死咬伤的更多，是石蛙的重要敌害之一。另外，鼠类善于挖壁打洞，营穴居生活，它为蛙类逃逸提供了方便之门。

防治方法：①采用鼠药等毒饵，如用水果（切成1立方厘米的小块）、粮食，拌入1%～2%的安妥（鼠药）制成的毒饵，放在池边、墙边，使其吞食中毒致死。此法灭鼠效率高，对人、畜安全，无残毒；②安装鼠夹诱捕。也可用器械如电猫捕杀，效果显著。

2. 黄鼠狼

体长为25～39厘米，尾长为14～18厘米。毛呈赤褐色，腹部较淡。头部略圆，唇上有须，耳小而宽，颈长，四肢短，

图9－11　黄鼠狼

足具5趾，爪尖而锐利（图9－11）。肛门旁有臭腺，遇敌能放出臭气自卫。行动敏捷，多在晚间活动。性残忍，贪食，对成蛙、幼蛙危害相当严重。

防治方法：①用内径为10厘米的毛竹筒，锯下长为33厘米的一段，打通中间竹节，使内壁光滑。在筒底放入诱饵，并用铁丝网封住筒口防止逃跑，然后将竹筒倾斜放入土中，筒口与地面相平，黄鼠狼钻进吃食时，因筒壁光滑狭小，无法退出而被捉住。此法灵敏，捕获率很高；②在蛙池养鹅，鹅群走动与鸣叫可驱赶黄鼠狼。

3. 水獭

图9－12　水獭

身体细长，毛棕褐色，富有光泽。四肢短粗而强壮有力，各具5趾。趾间有蹼相连。后端有逐渐变细且延长的尾巴，能在水中快速游泳（图9－12）。

水獭为半水栖兽类，栖息在水边的洞穴中，食量大。据报道，1只水獭每天能吃掉1千克蛙，所以对蛙的危害相当严重。

防治方法：用铁踩夹猎捕。

四、鱼类

乌鳢，又名乌鱼、黑鱼、斑鱼等。鱼体略呈圆柱形，口裂大。头部状如蛇头，后部逐渐侧扁。全身呈灰棕色或深褐色，腹部淡白色。头部有两条黑色条纹（图 9－13）。乌鳢是一种凶猛的肉食性鱼类。平时喜栖息于水草茂盛的混浊水体中，常潜伏在浅水水草较多的淤泥中，一旦发现鱼类、蛙类或蝌蚪游近时，则以迅猛的姿态向前突击，一举捕获吞食。

图 9－13　乌鳢

防治方法：①在养蛙前要彻底清塘，捕尽池内乌鳢；②池塘进水处设网栏，防止池外乌鳢进入；③如发现蛙池混入乌鳢，可用垂钓法捕获。

五、鸟类

鸟类中适于水滨生活并吃食石蛙及其蝌蚪的有以下几种。

1. 苍鹭

又名灰鹭。属鹳形目，鹭科，是鹭类中最大的一种。头颈部羽毛白色，羽冠黑色，前颈中部有黑色纵纹一条，背至尾部苍灰色，腹部白色。嘴、颈和腿部很细长，趾间无蹼。嘴、腿黄色，脚暗灰色（图9－14）。

图9－14　苍鹭

图9－15　池鹭

2. 池鹭

又名红毛鹭。属鹭科。像苍鹭，但比它小。头、颈、前胸和冠羽栗红色，上背和肩羽紫黑色，其他部分为白色（图9－15）。

3. 翠鸟

也叫鱼狗、钓鱼郎，属佛法僧目，翠鸟科，是小型鸟类。头大、体小，嘴长直而尖，尾短（图9－16）。头和颈部灰绿色并杂生鲜艳的翠蓝色狭细横斑，背翠蓝，腹部栗黄色，尾羽黑色，尾上复羽翠色，后头部的羽毛略呈冠状，足鲜红。翠鸟常栖息于近水面的树枝上，窥伺水面，待蝌蚪露出水面时即迅速扑入水中，啄住蝌蚪，飞回树上后再吞食。

图 9－16　翠鸟

对于各种害鸟，可用鸟枪捕杀或装置诱捕器捕捉。有的地方，在池边插立一块涂上黏胶的木片，当翠鸟飞落到木片上时，木片失去平衡而随同被胶粘住的鸟一起掉入水中溺死。该法捕鸟效果较佳。

4. 大白鹭

图 9－17　大白鹭

俗名长脚鹭鸶，为大型涉禽，雄性略大，呈纺锤型，体长 1 米左右，体重约 1 千克（图 9 － 17）。夏羽全体白色。有短小羽冠。繁殖期背部着生三列长而直，羽枝呈分散状蓑羽，向后延伸至尾端外 3 ~ 4 厘米；蓑羽羽干基部强硬至羽端渐次变小，羽枝纤细分散。冬成鸟无蓑羽、羽冠。嘴、颈和腿部细长。虹膜淡黄色。嘴、眼先和眼周皮肤繁殖期为黑色，其余时段为黄色。跗跖及趾、爪黑色。

大白鹭多栖息在我国南方沿海湿地、水田、湖泊、池塘附近的树林，并喜与它鹭类混在一起，白天活动觅食小鱼虾、蛙类及昆虫类小动物。是蛙类的重要敌害之一。

5. 白鹭

又名小白鹭、鹭鸶。为中型涉禽，夏候鸟。体型纤瘦。体长50~60厘米，体重0.33~0.54千克。全体白色，繁殖期枕部着生两条长羽状似双辫，背、胸均被簑羽。虹膜黄色，眼先裸露皮肤，夏粉红色，冬黄绿色；嘴黑色，胫与跗跖部黑色，趾黄绿色，爪黑色，休憩时一脚站立，另一脚缩于腹下。

小白鹭多栖息在浅海湿地、澡泽、稻田、湖泊、池塘附近的林木繁茂地带。白天觅食水生小动物，小龙虾、贝类、蟹类及小蛙等，也吃小量的谷物等植物性植物。

六、其他动物

鲇鱼、黄鳝、龟鳖、水蛇、蚂蟥等水生肉食性动物也危害蛙及蝌蚪。可用钓捕或人工捕捉等方法将其清除。对于蚂蟥，每亩用叶蝉散400~500克，加水50升，调匀后用喷雾器喷施，将其杀死。

第二节　蛙卵及蝌蚪的病害与防治

一、蛙卵水霉病

【病原】水霉菌。

【症状】水温在18~20℃是水霉菌生长繁殖的适温期。水霉一般先在未受精或受伤的蛙卵上生长繁殖，继而连续用无性繁殖形成动孢子囊的方式，放出大量动孢子感染受精的蛙卵，向外生长出长毛状的菌丝，外观呈白棉絮状的白毛。菌丝进入蛙卵后，消耗大量氧气和养分，致使蛙卵中的胚胎中途死亡，特别是阴雨天，水温适宜时，水霉迅速繁殖和蔓延造成大批蛙卵死亡。

【病因】发病期多在蛙卵孵化后 5 ~ 10 天和连续阴雨天气时。由于采集蛙卵时刮卵、捞卵、操作不慎使蛙卵受伤，水霉菌乘机侵入而引起。

【防治方法】①采捞蛙卵要做到轻刮、轻捞、轻搬。不要损伤卵膜，死卵要摘除干净，防止水质污染；②对孵化池和蝌蚪池，要用生石灰或漂白粉进行彻底清塘消毒；③用高锰酸钾溶液全池泼洒，使池水浓度为 3 毫克/升。

二、蝌蚪水霉病

【病因】水霉病是一种常见病蝌蚪皮肤被真菌寄生的疾病。由于操作不慎，造成皮肤损伤所引起。春季是水霉病的多发季节，当气温下降，天气阴雨，阳光不足时，极易发生此病。

【防治方法】①捕捞或运输时，操作要细心，不要损伤蝌蚪的皮肤。②用 3% 的食盐水或 10% 紫药涂抹伤口直至愈合。③按每立方米水体 5 毫克的高锰酸钾溶液浸浴，每日 2 次，每次 30 分钟，能达到灭菌的作用。④蝌蚪入池前用 2% ~2.5% 的食盐水溶液浸浴，在水温 25℃时浸浴 5 ~ 10 分钟。⑤用切碎的韭菜与黄豆混合磨浆，均匀泼洒，连续进行 1 ~ 2 次。⑥病蝌蚪或蛙用 0.3 毫克/升硫酸铜和硫酸亚铁合剂（5∶2 比例配合）浸泡治疗。⑦阴雨天将蛙卵放入水盆或小池，用白炽灯照射孵化。⑧定期换水，经常保持池水清新，以防水霉病的发生。⑨用 4% 的食盐与 4% 的小苏打合剂浸浴病蛙或蛙卵 3 ~

5 钟。

三、蝌蚪气泡病

【病因】水温和气温过高，池水过肥，大量有机物发酵分解产生许多小气泡，被蝌蚪吞食，致使肠内充满大量水泡，引起腹部膨胀而引发此病。

【症状】肠道充满气体，腹部膨胀而失去自由游泳能力，有时仰泳水面，严重时死亡。夏秋季节是此病的流行季节。

【防治方法】①注入新鲜水，降温保洁；②把发生气泡病的蝌蚪及时捞出放到另外盛有新鲜水的盘子里，很快就会恢复正常；③将发病蝌蚪捞出置于清水中暂养 1～2 天，停喂几天后，投喂煮熟的米糠等饲料；④09：00 喂饱蝌蚪，减少中午因饥饿吞食水中的小气泡，效果较好。

四、车轮虫病（烂尾病）

【病因】此病是由一种纤毛纲的单细胞动物车轮虫寄生蝌蚪体上所引起。它的形状似车轮而得名。它的侧面观似钟形，反口面均为圆形，其中部向体内凹入，形成附着盘，用以寄生在蝌蚪体表和鳃上，以纤毛摆动，在蝌蚪体表滑行，以胞口吃蝌蚪的组织细胞和血细胞。

【症状】当车轮虫大量寄生时，蝌蚪食欲不振，甚至停止进食。鳃的上皮组织坏死。呼吸困难，游泳迟缓而离群，最终衰弱而死，尤其对小蝌蚪危害最大（图 9－17）。

【防治方法】①减少蝌蚪的放养密度，增加营养，以预防

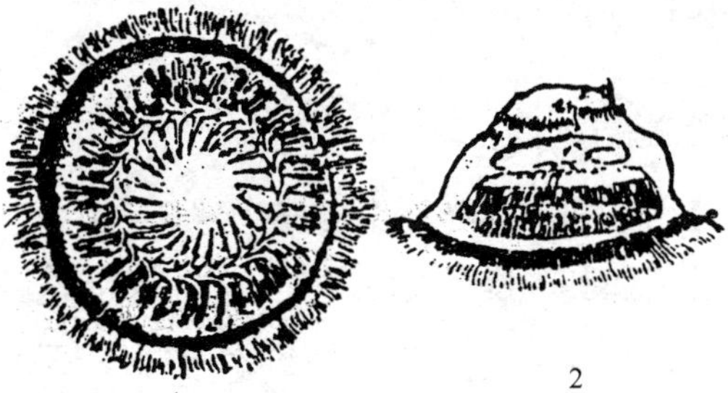

图 9－17　车轮虫

1. 虫体反口面观；2. 虫体侧面观

发病；②发病初期用硫酸铜、硫酸亚铁剂（5∶2）0.3 克/升全池泼洒，12 个小时后大换水，隔天后重复 1 次，有较好的疗效；③每亩用切碎的韭菜 20 克与黄豆混合磨浆，均匀泼洒，连续1～2次，可控制发病蝌蚪的病情不至于恶化。

五、红斑病（出血病）

【病因】红斑病多发生在蝌蚪的发肢芽形成期，是由多种细菌和真菌感染所致。

【症状】已长后腿的蝌蚪腹部及尾部有出血斑块。故又称出血病。患病蝌蚪常在水面上打转，数分钟后下沉死亡。此病危害大，往往造成全池暴发性流行病，死亡率高达 80% 以上。

【防治方法】①保持水质清新，定期用 2 克/升漂白粉溶液或 30 克/升生石灰水全池泼洒，以消灭各种病原体；②保持饵料卫生，及时洗刷食台，清除残饵；③将蝌蚪高度集中在网箱内，按每万尾蝌蚪用 50 万国际单位青霉素和 50 万国际单位链霉素液浸浴半小时，疗效明显。

六、蝌蚪烂鳃病

【病因】由黏液球菌侵入蝌蚪鳃部所致。

【症状】蝌蚪鳃丝腐烂发白，鳃上常附污泥和黏液。呼吸困难，常游于水面，活动缓慢。严重者伴发其他疾病致死。

【防治方法】①蝌蚪放养前，用生石灰消毒清池；②蝌蚪池用20克/升生石灰，调成水剂后全池泼洒，隔日再施用1次，效果明显。

七、舌杯虫病

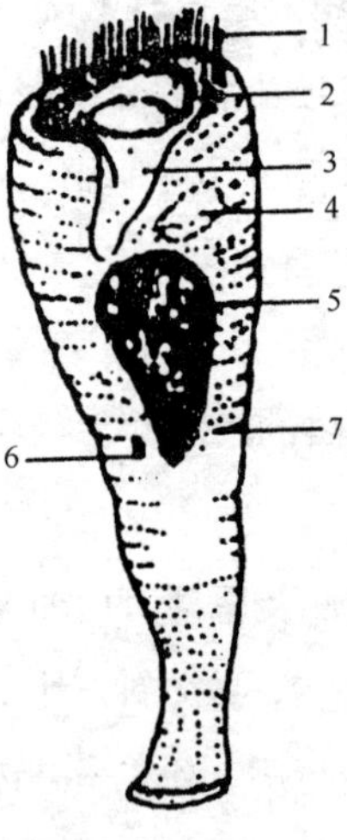

图9－18　舌杯虫

1. 口缘膜；2. 口围盘；3. 口沟；4. 伸缩泡
5. 大核；6. 小核；7. 横纤毛带

【病原体】为舌杯虫（图9－18），属原生动物门，纤毛纲的单细胞动物。

【症状】舌杯虫多寄生在蝌蚪尾部，以周围水中的食物粒作为营养。对寄生虫组织无直接破坏作用，但在蝌蚪密度高，每年7—8月份发病高峰期时感染快。当舌杯虫寄生数量多时，对蝌蚪危害增大。

【防治方法】①定期清池消毒，注清排污，改良水质；②用0.5毫克/升硫酸铜液全池泼洒，7个小时后，有70%的虫体从蝌蚪身上脱落，24个小时治愈率达95%以上。

八、斜管虫病

【病原体】为寄生蝌蚪体表的斜管虫（图9－19）。属原生动物门，纤毛纲的单细胞动物。

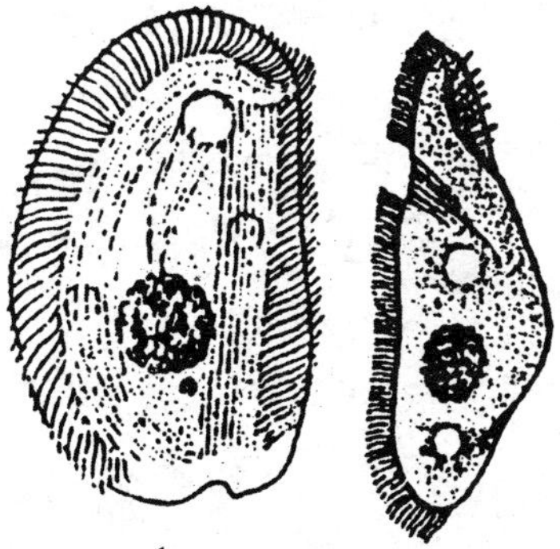

图9－19　斜管虫

1. 虫体腹面观；2. 虫体侧面观

【症状】患病蝌蚪体色由黑褐色，常浮于水面、池边，反应迟钝，手捉、网捞时也不逃离，常停食，腹部小，严重时很快死亡。本病多发生在冬春季节，水温为12～18℃时，是斜管虫的流行季节。

【防治方法】与车轮虫相同。

九、锚头蚤病

【病原体】为锚头蚤寄生。虫体细长如针，分头、胸、腹3部分。头部有背、腹角2对，呈铁锚状，因而得名（图9－20）。

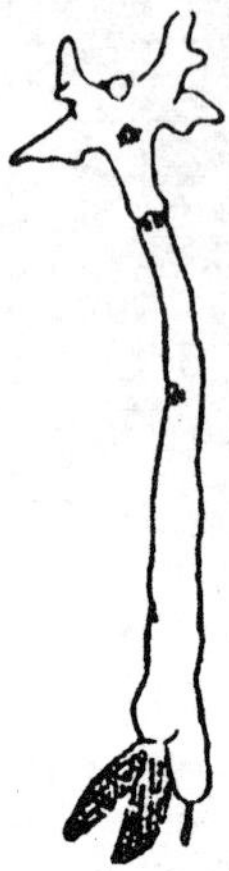

图9－20　锚头蚤

【症状】虫体头部深钻入蝌蚪的肌肉组织，吸取其营养，使肌肉组织发炎红肿，甚至溃烂，导致生长停滞、消瘦，严重时死亡。1尾蝌蚪如有1～2个锚头蚤寄生时，症状较轻，如有3～4个或有更多的虫体寄生，蝌蚪会很快死亡。

【防治方法】①用10～20毫克/升的高锰酸钾液浸浴10分钟，每天1次，连续治疗2～3天，锚头蚤在2周后陆续死亡；②采用敌百虫（含50%）0.20毫克/升全池泼洒，每天1次，连用3～4天，锚头蚤就会死亡脱落。

十、蝌蚪鳃霉病

【病因】由鳃霉菌侵入鳃部所致。在水质污染、有机质多的蝌蚪池内最易发生。

【症状】与蝌蚪肤霉病相似。患病蝌蚪的鳃部苍白，有时呈现点状充血或出血状。病情严重时鳃丝溃烂，呼吸受阻而窒息死亡。

【防治方法】①防止水质污染；②对已受污染的蛙池要用生石灰清塘，加速有机质分解，杀死鳃霉菌；③对患病蝌蚪可用0.7毫克/升硫酸铜和硫酸亚铁合剂（5:2比例配合）浸浴治疗。

十一、细菌性胃肠炎病

【病因】主要是水质污染所致。

【症状】患病蝌蚪胃肠发炎充血，肛门周围红肿，食量下降，游动缓慢，死亡率较高。

【防治方法】①视水质情况换新水，并定期用生石灰水消毒，每亩每1米水深用生石灰15～20千克，调成水剂后全池泼洒，治愈率可达70%以上；②用1克/升漂白粉水溶液，进行全池泼洒，间隔24个小时重复1次，效果明显。

第三节　成蛙的病害与防治

一、红腿病（败血症）

【病因】蛙体受伤后感染嗜水气单胞杆菌所引起。

【症状】此病属传染性疾病，是幼蛙和成蛙阶段的主要疾病。病蛙的腹部及腿部肌肉呈点状充血，常低头伏地，活动缓慢，或潜伏水中不动、不摄食。

【防治方法】①以预防为主，经常注意水体的饲料和卫生，尽量减少机械性创伤；②对病蛙可用2%～3%的食盐水或20%的磺胺类药液浸浴10分钟；③配制25%的葡萄糖生理盐水（蒸馏水100毫升，加0.1克食盐，加25克葡萄糖），每100毫克加40万国际单位的青霉素或链霉素，浸浴病蛙5分钟左右，每天1次直至病愈；④用100毫克/升，硫酸铜溶液全池泼洒，有一定成效。

二、烂皮病（又名脱皮病）

【病因】以皮肤腐烂、脱落为特征。幼蛙和成蛙均可引发烂皮病。该病发病快，传染性强，病程长，死亡率高。

发病原因有两个：一是饲料中缺乏微量元素，尤其是维生素A和维生素D的缺乏是诱发该病的重要原因。二是蛙体表皮受伤后，导致细菌和真菌的继发感染而引发此病。

【症状】发病初期，蛙的背部（一般在两眼之间）皮肤先失去光泽，头部出现花斑状的白斑，随着表皮脱落并开始出现点状或块状溃烂，露出肌肉和骨骼，烂斑四周呈灰白色。病重时，可扩展到四肢和爪部。蛙眼瞳孔出现粒状突起，逐渐发白，直至形成一层白色脂膜覆盖在眼球表面，逐步失去视力。病蛙一般能正常活动并进食，重症时则伏在池边，不吃不动，直至死亡。

【防治方法】营养性烂皮病的防治：①每千克饲料（如黄粉虫、蝇蛆等），添加维生素A、维生素B_2及维生素D各0.1克。可直接渗入饲料中，或先喂虫，然后将虫喂蛙，效果相同。②在饲料中添加鱼肝油或鱼肝油丸，每日1次，每只蛙1粒，连用3~5天，效果明显。③用新鲜的猪肝切成小条、涂上磺胺消炎药粉填喂，连续4~5天，有效果。④每千克饲料加入土霉素3~5克，每日2次。

对于细菌性烂皮病的防治：①定期换水，改善养殖环境，并对蛙池食台，工具等作定期药物消毒。②用4~5毫克/升蛙消安或3毫克/升高锰酸钾和冰醋合剂全池泼洒，用药2次，4～5天后病情可得到控制。③先用0.01%的高锰酸钾药液浸浴30分钟，再用药棉抹干，涂上金霉素软膏，每天2次，连续3天。④每100千克饲料加25克三黄粉（黄芩、黄柏、大黄），每天喂2次，连喂1周。也可将药物拌入黄粉虫的饲料中，在黄粉虫食后5～10分钟，再将黄粉虫喂病蛙。黄粉虫药饵要现配现用。

对病蛙亦可作注射治疗，用卡那霉素、庆大霉素和链霉素中任何一种，对病蛙进行注射。用量分别为每千克蛙体重4万～5万国际单位、1万～2万国际单位、5万～10万国际单位。

病情较轻的蛙，一般经一周治疗可能会痊愈。此时烂皮片再生新组织，眼球白色粒状突起渐渐消退，并开始进食，活动量增加。

三、肠胃炎

【病因】由细菌感染，也有因消化不良肠胃发炎所致，是蝌蚪、幼蛙和成蛙的常见病。此病传染性强，死亡率高。多发生于春夏和夏秋气候多变的季节。其他原因是由于水质受污染或吃进变质、不洁的食料及大量病菌（如产气单胞菌或双链球菌）而后得病。由于消化不良食物发酵，肠道产生太多气体而腹部膨胀。

【症状】发病初期躁动不安，东爬西蹿，喜欢钻泥，游泳缓慢。或伏阴暗角落。后期平躺于池边或浅滩上，伸腿、闭眼、不吃、无力跳动，反应迟钝，不怕惊扰，捕捉时很少挣扎，往往缩头弓背。剖检病蛙，可见肛门周围红肿。

【防治方法】①要经常清洗食台，以阳光暴晒或用 2 毫克/升的漂白粉浸泡 30 分钟消毒。②发病期，池水每周洒漂白粉 1 次（每立方米 1 克），使池水含量达百分之一的浓度。③发病季节，每 10 ~ 15 天用 1 毫克/升的漂白粉溶液全部泼洒 1 次。④坚持每天清除食台上的残饵，洗刷食台，定期消毒。⑤病蛙可喂胃散片或酵母片，日喂 2 次，每次 0.5 片，连喂 3 天即可见效。

四、歪头病

【病因】由脑膜炎脓毒性黄杆菌感染所致。当水质恶化，水温变化较大时易发生此病。

【症状】病蛙活动迟钝，不吃食。皮肤发黑，泄殖孔红肿。眼球外凸充血，以致双目失明，故亦称瞎眼病。常伏于陆地潮湿处。该菌直接破坏脑神经，致使脑歪向一边，造成歪头。病蛙在水中时身体失去平衡，腹部朝上，浮于水面，有时在水中不停地打转，其头部向左或右歪转。若不及时处理病蛙，传染很快。解剖后可见肝脏发黑，脾脏缩小，脊椎两侧有出血点和血斑。一般出现上述症状后 3 ~ 5 天内死亡。发病集中在 7—10 月份，主要危害 100 克以上的幼蛙，危害极严重，应高度警惕。

【防治方法】①用 50 毫克/升的福尔马林溶液浸泡池子 24 个小时，适当控制放养密度；②每月用磺胺类药 6 ~ 10 片拌 1 千克饲料投喂。

五、腹水病

【病因】为嗜水气单胞杆菌。石蛙和蝌蚪都能发病。放养密度过密及蛙池水质不良和恶化易诱发此病。

【症状】病蝌蚪游动缓慢，食欲减退。腹部膨大，有大量腹水。传染快、死亡率高。病蛙瘫软无力，肛门有黏液状。活动迟缓，厌食。体表无明显症状。解剖可见腹部有大量呈淡红色或淡黄色的腹水。胃内无食物，黏液增多。肝肿大，肠胃充血。发病季节5—10月。

【防治方法】①定期加换新水，保持良好的养殖水环境；②放养密度要适当，切勿放养过密；③在发病季节，饲料中定期添加庆大霉素或卡那霉素，每千克蛙或蝌蚪每天用20毫克，连用3~5天。

也可以用三氯异氰尿酸溶液全池泼洒，使池水浓度达到0.5毫克/升，每天1次，连续2天。

六、白内障（白点病）

【病因】此病是因天气突变，温差太大或水质变化过多而引起的。也有因长期缺乏维生素的饲料导致体质下降所致。

【症状】蛙发病之初有一层白膜附着在眼球上，随之病情加重，完全覆盖整个眼球，最后导致失明，眼球凸出。

【防治方法】①用2克/升的漂白粉溶液或50克/升的高锰酸钾溶液全池泼洒，保持稳定的水温；②经常在饲料中添加维生素E，以提高蛙的生理功能和免疫力。

七、肿腿病

【病因】蛙腿因受外伤导致细菌感染、局部发炎，逐渐扩及整个腿，影响活动、摄食，严重时死亡。

【症状】病蛙后腿部肿大，呈灰色。皮下积水，有时表皮充血发炎发红。先是局部发炎，逐渐扩展到整个腿部，趾和蹼肿成瘤状。活动迟钝，不吃饲料，最后死亡。

【防治方法】①用1～2毫克/升的漂白粉液泼洒进行全池消毒；②在捕捉和运输时要防止擦伤蛙的皮肤；③用30毫克/升高锰酸钾溶液浸浴病蛙20分钟。同时喂四环素药片，每天2次，每次半片，连服2天；④每只病蛙肌肉注射青霉素30万～40万国际单位。

八、结核病

【病因】为分枝杆菌感染所致。

【症状】病蛙肺、肾等内脏出现结核病灶，轻则体衰，重则死亡。

【防治方法】①加强饲养管理，增强蛙体抵抗力，防止外伤感染病菌；②病蛙用青霉素、链霉素各50万国际单位配制的药水浸浴，每次10分钟，每日早晚各1次，连浸3天。

九、复口吸虫病

【病因】为复口吸虫侵入蛙体所致。此病多发生在水鸟较多地区，每年春末、夏季传染尤甚，往往给养蛙场带来毁灭性损害。复口吸虫成虫寄生在鸥鸟等水鸟的肠道中。鸥鸟感染是由于吞食患有复口吸虫病的蛙。成虫卵随鸟粪落入水中后，孵化出毛蚴，遇到第一中间寄主——椎实螺，即钻入螺体并发育成胞蚴，胞蚴经无性繁殖产生无数尾蚴，尾蚴逸离螺体后在水中自由生活，并钻蛙体后通过循环系统或神经系统到达眼球水晶体，逐渐发育成囊蚴（图 9－21 和图 9－22）。

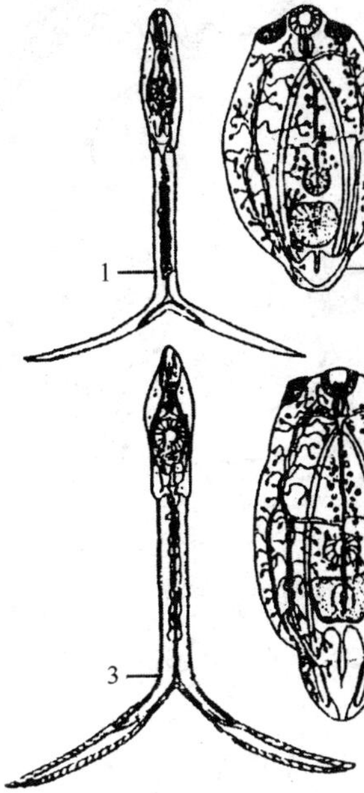

图 9－21　复口吸虫

1. 湖北复口吸虫的尾蚴；2. 湖北复口吸虫的后囊蚴；

3. 倪氏复口吸虫的尾蚴；4. 倪氏复口吸虫的后囊蚴

【防治方法】①每亩用 100～150 千克的生石灰彻底清塘，杀灭复口吸虫的卵、幼虫及椎实螺等寄主，或用 0.07 毫克/升的二氯化铜全池泼洒，可杀死椎实螺，而不伤害蛙体；②驱赶传播复口吸虫的鸥鸟等水鸟，不让其在蛙池上空飞翔、排粪；③病蛙用 0.7 毫克/升硫酸铜液长期浸泡，以杀死复口吸虫。

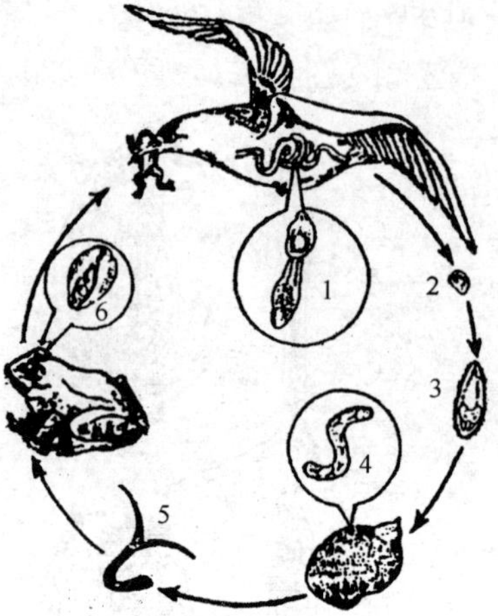

图 9-22　复口吸虫的生活史

1. 寄生在鸥鸟肠内的成虫；2. 虫卵；3. 毛蚴；4. 胞蚴；
5. 尾蚴；6. 在蛙眼内发育的后囊蚴

十、脱肛病

【症状】病蛙直肠外露于泄殖腔（肛门）之外 1~2 厘米。食欲减退，行动不便，体重减轻。

【防治方法】用冷开水或蒸馏水洗净露出体外的直肠后，立即塞入泄殖腔内，然后隔离圈养，并减少其活动，不久即治愈。

十一、肝肿大病

【病原体】病原为嗜水气单胞菌。

【症状】病蛙外观呈现肥胖状；后肢粗大，手压有硬肌肉，皮肤呈微红色；剪开双腿皮肤可见皮肤内侧血管充血，肌肉呈淡土黄绿色，似被胆汁所染。内脏解剖，肝脏极度肿大，比正常蛙大 2 倍以上，呈灰白色、土黄色或青灰色，胆肿大呈浅绿色。

【防治方法】①用生石灰或漂白粉溶液泼洒全池，用量分别为 10 克/升和 2 克/升；②也可每天每只蛙注射 40 万国际单位青霉素，连续使用 3 天。

第十章
石蛙的加工与菜谱

石蛙集皮用、食用和药用于一体。要进行综合开发和利用，实施初加工和深加工，以满足广大消费者的需要。

第一节　石蛙的加工

一、食用加工

收获的石蛙，先把泥土冲洗干净，然后手执活蛙，头部朝下、用菜刀将头部切下，然后剥其皮，再剖开腹部取出内脏，用水洗净，即可烹调。

如果购进的蛙数量不多，来不及处理，可将蛙放在蛙笼或水泥池内暂养。夏秋季节，用清水把蛙淋湿后，放进特制的蛙笼里，再把蛙放在水盆内，水深到蛙肚为宜。天气炎热时，要经常淋水。冬春季节，可把蛙放入池中，用麻袋封盖笼面保温，每天用温水冲洗 1 次。暂养蛙的池水要清新，不能混有烟灰和油腻，否则容易引起蛙死亡。暂养的蛙随时可从笼中或池中取出进行加工。

如果购买来的冻蛙肉，则可放在15℃左右的冷水中自然解冻。化冻后，沥去水，用纱布吸干剩余的水，即可加工烹调。

二、冷冻加工

冷冻加工是将屠宰洗净的白条蛙肉或其后腿，按重量大小（各国要求的标准不同）分类装入塑料袋或盒中，放入－25℃以下的冷冻间内快速结冻，再放入凉水内涮一下，使塑料袋再包上一层冰衣，将蛙体与空气隔绝，然后再送入－18℃左右的低温库内储存，准备出口或供应市场。贮存时间以不超过6～7个月为宜。

三、饲料加工

石蛙的内脏和不可食用的变质蛙肉，以及在加工中废弃的蛙头、蛙骨、蛙皮等副食品，都是生产蛙粉的好原料。沥去水分，剁碎，放在阳光下晒干，然后粉碎储存。

四、深加工

石蛙的内脏及其他下脚料经理化和生物化学方法进行深加工，可以生产蛋白胨、各种氨基酸及酶类、激素制剂，从而使石蛙的经济效益成倍提高。

石蛙的蛋白质，经水解（包括酸解、碱解和酶解），逐步分解为朊、胨、肽，最终产物为各种氨基酸。水解过程形成的中间产物（朊、胨、肽）及少量氨基酸的混合物，即为蛋白胨。它是一种淡黄色，具有特殊气味，吸水性很强的粉末，其水溶液呈酸性，不溶于有机溶剂。蛋白胨在抗生素工业、微生物生产及医药卫生事业中有广泛的应用，其中主要作为细菌培养基的成分。

蛋白质水解的最终产物为各种氨基酸，其中精氨酸、赖氨酸含量较多。这些产物的粗制品为复合氨基酸，是优良的食品添加剂和滋补品。复合氨基酸经过分离、提纯，可得到单个氨基酸的纯品，在医药及化妆品工业应用非常广泛，价格也十分昂贵。

石蛙的脑垂体、甲状腺、性腺等，能分泌各种激素。目前，已能采用先进的科学技术将有关激素提取出来。这些激素，可用于鱼类、两栖动物的人工催产，从而有利于人工繁殖，大大提高了产量。

另外，从石蛙的消化系统所提取的消化酶类，在医药、生产及科学研究上有重要应用价值。例如，目前已可利用蛙的消化酶类来生产蛋白酶氨基酸，在食品与饲料工业中有所应用。随着科学技术的不断进步，蛙类的深加工及综合利用必将得到进一步开发利用，相信在不久的将来一定有更多的新产品，为人类做出更大的贡献。

第二节　石蛙的菜谱

一、青椒炒蛙腿

1. 原料

蛙腿300克，青椒200克，葱、姜、蒜各30克，酱油、料酒各20克，精盐、味精、水淀粉及植物油适量，玉米粉少许。

2. 制法

蛙腿切成2厘米长小块，用少许精盐、料酒、玉米粉浆上。葱、姜、蒜切成小丁。用精盐、味精和水淀粉兑汁。青椒切成2厘米长段。锅烧热，放油适量，蛙腿下锅炒散，再把青椒、葱、姜、蒜一同下锅，稍炒，烹入兑汁，炒熟即可。此菜肉质细嫩，清香适口，咸鲜微辣，食后开胃。

二、酸汤石蛙

1. 原料

蛙2只，酸菜20克，新鲜笋丝20克，香油0.5克。

2. 制法

石蛙去头不去皮，在油锅内炒一下，然后放上酸菜、笋丝，浇上特制的香油。然后加高汤放在小砂锅里炖上半小时，即可食用。此菜以鲜嫩见长，汤汁要比加进锅内的配料更美味适口。

三、酥炸石蛙腿

1. 原料

蛙腿400克，味精、绍酒各5克，精盐2.5克，净蛋75克，生粉90克，面包糖90克，麻油0.5克，胡椒粉少许，油750克（耗油150克左右）。

2. 制作

先将净蛋和生粉调成浓糊状。再将石蛙腿加盐、麻油、胡椒粉、味精，稍腌过，再放在浓糊内搅匀，然后涂上面包糖待用。武火烧锅下油，用文火炸石蛙腿至熟，呈金黄色，捞起，上碟便成。

四、翡翠石蛙腿

1. 原料

蛙腿250克，甜青椒100克，生姜4片，淀粉10克，植物油40克，黄酒、精盐、砂糖、胡椒粉、麻油各适量。

2. 制作

蛙腿去皮切块，青椒去籽洗净切方块。将油烧热后降温至五成熟，放姜片爆香，加蛙腿，上黄酒速炒至变灰白色，加青椒块炒。再加少许水煮沸，用精盐、砂糖调味，勾淀粉糊少许，淋上麻油起锅装盘。此菜肉质鲜嫩，青椒翠甜，常食有健脑补气血作用。

五、清蒸石蛙

1. 原料

石蛙400克，火腿50克，鸡清汤适量，盐1.5克，料酒15克，葱、姜、味精少许，猪油15克。

2. 制作

将蛙胴体切4块，放汤碗中拼成原形。加火腿片、鸡清汤和调料，盖碗清蒸半小时即成。此菜汤清见底，肉嫩味美，香郁诱人。

六、家常石蛙腿

1. 原料

蛙腿300克，青笋300克，豆瓣酱40克，葱、姜共40克，料酒25克，酱油15克，精盐、味精、植物油和水淀粉适量。

2. 制作

将蛙腿切4厘米长段，青笋削皮切4厘米长同筷子粗的细条。再将锅加油烧热，加蛙腿煸炒，待水分将干装盘。另将锅加油烧热，加豆瓣酱、葱姜片一同煸炒，待出味，烹入料酒、酱油，添汤250克烧开，用漏勺将豆瓣酱渣捞净，再将蛙腿、精盐、味精、青笋一同下锅，稍煮勾入淀粉，把汁浓缩即可。此菜白嫩可口，经济实惠。

七、香菇蒸石蛙肉

1. 原料

蛙肉150克，干香菇、姜片各15克，生油20克，盐1.5克，生粉少许。

2. 制作

先将干香菇水泡，再将上述调料一起放入砂锅，文火蒸15分钟，往锅内撒少许生粉，片刻即可食用。此菜香喷可口，营养丰富。

八、蛙肉炒蛋

1. 原料

蛙肉250克，鸡蛋3个，食盐、胡椒、牛油适量。

2. 制作

将蛙肉拔去其骨切成适当大小，放锅里煎炒。另用碗放鸡蛋、食盐、海带适量，用筷子调糊。然后放入蛙肉，再搅拌，放入油锅中，用筷子不断拨动使之不焦苦。待鸡蛋凝固时，取锅离火，将鸡蛋四面卷拢，成薄饼状，然后加热即可食用。

九、鱼香石蛙肉

1. 原料

蛙腿300克，泡辣椒30克，葱、姜、蒜共50克，玉米粉20克，酱油、醋各50克，料酒20克，白糖15克，盐、味精、水淀粉、植物油适量。

2. 制作

将蛙腿切段，加少许精盐、料酒、玉米粉浆上。将白糖、酱油、醋、精盐、料酒、味精、水淀粉兑汁待用。然后将锅加油烧热，放蛙腿炒散，再加泡辣椒、姜、蒜末一同煸炒，待炒出香味时烹入兑的混汁，炒熟，撒葱末即可。此菜质细嫩，色泽红亮，咸甜酸辣，鱼香味浓。

十、宫保石蛙腿

1. 原料

蛙腿300克，玉米粉20克，干红辣椒、白糖各10克，花椒20粒，葱、姜、蒜共50克，酱油25克，料酒15克，醋5克，精盐、味精、水淀粉、植物油各适量。

2. 制作

将蛙腿切段，用少许盐、料酒、玉米粉浆上。将葱、姜、蒜切成与蛙腿同样大小的段，辣椒切成小节。同时用白糖、酱油、料酒、盐、醋、味精和水淀粉兑汁。然后将锅烧热加油，加花椒、辣椒稍炒，待其色泽深红、出香味时，放蛙腿炒散，加葱、姜、蒜稍炒，加已兑好的汁，炒熟即可。注意火候适中。此菜色泽红亮，肉质酥嫩，麻辣味不浓，鲜咸带酸甜味。

十一、鱼肚石蛙汤

1. 原料

鱼肚200克，石蛙2只，青瓜1个，红枣6颗，龙眼肉15克，枸杞15克。

2. 制作

鱼肚用清水浸泡数小时，洗去污物，石蛙剥皮，瓜去皮切块，加原料及8碗水煲3个小时，即可食用。

此汤适宜红细胞减少，冬天手足冰凉，整夜不暖，皱纹加深者饮用。具有增强抵抗力，增加红细胞，提高细胞活力的作用。

十二、章鱼石蛙焗饭

1. 原料

章鱼2条，石蛙2只，白米250克，清水适量。生抽2/3汤匙，白砂糖1/3茶匙，生粉2/3茶匙，料酒半茶匙。

2. 制作

将章鱼清洗干净，用水浸泡4个小时，待用。石蛙剥去皮，洗净取出肉切成小粒，用调味料搅匀。捞起章鱼，分别与石蛙用滚水烫一下，再将章鱼切粒，用浸章鱼的水煮饭，待饭煮至半熟时，再放入章鱼粒及石蛙粒，在米饭中搅拌均匀，再焗一会儿便可食用。

十三、爆炒石蛙腿

1. 原料

蛙腿200克，鸡泥250克，鲜大椒12个，味精12克，料酒5克，精盐2.5克，麻油0.5克，胡椒粉少许，油750克。

2. 制作

蛙腿切丁装碗，加料酒，味精，胡椒粉，姜汁，精盐，淀粉糊拌匀待用。将鲜大椒洗净去籽和果柄，再用小刀刻成蛙形，将鸡泥装入里面，装盘上屉，蒸5分钟取出，淋上淀粉糊。然后向炒勺加油烧熟，加浆好的蛙腿，滑好后出勺沥去油。炒勺留少许底油烧至六成热，倒入滑好的蛙腿煸炒，加淀粉糊，煸炒片刻，将汁滚到蛙腿上，淋上油出勺装盘即成。此菜造型巧妙，色泽鲜明，清淡可口。

十四、云雾石蛙

1. 原料

石蛙8只，云雾茶叶、酱油各10克，姜、小麻油、大米饭各25克，葱白、料酒各15克，精盐3克，味精1克，白糖5克，鲜红椒、韭菜各50克。

2. 制作

将蛙腿斩爪，放入钵内，加精盐1.5克，酱油、味精、料酒、葱白、姜块拌匀，腌半小时。茶叶用冷水浸胀待用。韭菜切成3厘米长小段，红鲜椒去籽切丝，入沸水氽热，下冷水浸凉，沥干水分，用精盐、味精、麻油拌匀待用。将大米饭、茶叶、白糖，摊入生铁锅内，再放葱白、姜块，在上面放上蛙腿，盖好上火。见锅内冒黑烟即移至柴炉上，用刨花烧2分钟，烟转白色时离火，停片刻开盖，盛入盘内淋上小麻油，将韭菜段、红椒丝围在四周即成。此菜色泽深黄，质地鲜嫩，茶叶香味浓郁，味美。

十五、炸烹石蛙腿

1. 原料

蛙腿400克，绿柿椒1个，味精4克，精盐、蒜片各3克，醋、姜丝各5克，葱丝10克，水淀粉50克，香油20克，高汤30克，花生油500克，胡椒粉少许。

2. 制作

先将蛙腿清净切段装碗，加盐、料酒、味精、胡椒粉腌一下，加水淀粉拌匀浆好待用。在碗中加料酒、高汤、盐、味精、醋、葱、姜丝、蒜片拌匀待用。再将炒勺加油烧至六成热，放入蛙腿炸至呈金黄色，捞出沥油。再将炒勺加油烧至六成热将蛙腿倒入煸炒，加入调好味的汁，翻炒两下，淋上香油装盘，周围放上用绿柿椒刻成的蛙形作装饰。此菜外焦内嫩，味鲜咸微酸，营养价值很高。

十六、香菇蒸石蛙肉

1. 原料

蛙肉 150 克，干香菇、姜片各 15 克，生油 20 克，盐 1.5 克，生粉少许。

2. 制作

先将干香菇水泡，再和上述调料一起放入砂锅，文火蒸 15 分钟，往锅内撒少许生粉，片刻即可食用。此菜香喷可口，营养丰富。

十七、冬笋清蒸石蛙

1. 原料

蛙肉 500 克，盐 1.5 克，料酒 15 克，葱、姜、味精各少许，猪油 15 克，冬笋片少量。

2. 制作

将上述原料放入碗内，隔水蒸 20 分钟即成。

十八、沙司石蛙腿

1. 原料

蛙腿250克，面粉12.5克，鸡蛋1个，盐1克，植物油250克，沙司、胡椒粉少许。

2. 制作

将蛙腿放入清水中洗净，沥水待用。将面粉放进盆内，打入蛋黄，用水调成糊状。再将鸡蛋清放碗里搅拌呈泡沫状，倒入面糊里待用。然后将炒锅加油烧热，将蛙腿蘸盐、胡椒粉和面糊，放入油锅里炸成金黄色，配上沙司即可食用。此菜色泽金黄，肉质鲜美。

十九、冬瓜干贝炖石蛙肉

1. 原料

蛙肉500克，冬瓜500克，干贝80克，盐、味精、陈皮、姜片适量。

2. 制作

将洗净的干贝装碗，加少许开水，上笼蒸15分钟取出，待冷后把蛙肉撕碎放入蛙盆中，加姜片上笼蒸1个小时。再将冬瓜洗净去皮，削成荸荠形，下沸水锅焯片刻捞出，再放上述盆中，加盐、味精，再上蒸笼20分钟即成。此菜营养丰富，有益智健脑作用。

二十、奶油石蛙汤

1. 原料

蛙躯体2只，奶油、牛奶、油面浆、盐、芹菜、胡萝卜、香叶、洋葱、酒适量。

2. 制作

锅中加水，烧开，加蛙、洋葱片、芹菜段、胡萝卜片、香叶、酒，烧至有蛙香为度。捞出蛙，将汤滤清放回沙司锅内，加牛奶烧开，下油面浆，用筷子将蛋调碎拌匀后，用隔汤布过滤成无粒状，再放回沙司锅内加盐，鲜奶油烧开即可。食用时可在汤中加适量蛙肉。此汤色泽奶白，乳香浓郁。

附　录

附录1
石蛙养殖中的热点、难点问题解答与实例

我们曲折的养蛙路已有10年之久，在这漫长的岁月中，所经历的事，有的是自己亲自做的，有的是亲眼所见的，有的是亲耳听到的。而这些事物都是生产中经常遇到的热点、难点问题，有很多具有一定的普遍性，而且都是生产中的实际问题，也是养殖者必须掌握的关键技术。为了方便大家进一步交流经验，学习先进，吸取教训，少走弯路，共同致富，我们特意把它写成实例，供大家参考。希望对石蛙养殖有兴趣的广大养殖户不妨看一看。

1. 石蛙带他奔富路

笔者之一是浙江省宁海县力洋镇农民①，在家种过田，到

① 编者注：笔者指本书作者之一叶再圆，以下同。

外省开过家具店，因当时家具行业不景气，便停业回到家乡。正在无路可走的时候，杭州的一位亲戚透露一个信息：养殖石蛙可以致富，但目前在宁波还没人养，而市场行情看好，产品供不应求。当听到这个信息，笔者便立即着手兴办养殖场。可是一无资金，二无技术，三无场地，全家人又不赞同搞这一行业。在重重困难面前，笔者得到了镇政府的支持，并向当地银行办理了5万元的抵押贷款，又向村里租了5间仓库，修造了一座农用水塔，还建造了十几口水泥池，这就算是养殖场的基本设施。然后只身去原浙江农业大学引种，花了3万元钱买回100对种蛙。当时笔者满怀信心，甚至感觉到带回来的石蛙就是未来的“财神爷”，就是赚钱的机器！

石蛙运到家，便随即放养在水泥池，一头栽进石蛙堆里，一边学习书本知识，一边细心照料着石蛙。笔者心里盘算着，等这批石蛙繁殖出蝌蚪、幼蛙时，自己就可以进行真正的石蛙养殖了。当冬天来临时，水池中的石蛙也静静地进入冬眠状态。但让笔者万万没有想到的是，这批石蛙进入冬眠后，就像吃进安眠药似的再也没有苏醒过来。原来，这批放入新建水泥池里的石蛙，受高浓度碱水的影响（因水泥池没有彻底脱碱）早已中毒死亡。这对笔者来说是一次极大的打击。于是设法向银行申请又贷到5万元生产资金，立即动身赶到杭州，在进行了专家咨询后，再次买回100对种蛙。这次的种蛙因放养在经过脱碱的水池里，所以能正常繁殖、产卵、孵化出蝌蚪，还长成幼蛙。石蛙养殖初战成功。

这些年来，笔者在崎岖的养蛙路上整整走了10年，克服各种意想不到的困难，一心扑在养蛙上，起早摸黑，运料喂蛙，巡池除害，从不放松，夜以继日地照料着石蛙。10 年来，终于克服了石蛙繁殖、产卵、孵化、蝌蚪变态幼蛙等技术难关，使蝌蚪的成活率达到85%以上。2008 年，笔者在150 平方米的水池里，自繁蝌蚪15 万尾、幼蛙1 万只，种蛙300 对，商品蛙350 千克，总产值30 万元，纯收入20 万元，名列宁波市前茅。

笔者养蛙致富后，无偿地给养殖户传授技术，免费上门服务，按成本提供种蛙。近年来，还帮助邻县10 个养蛙户走上了致富路。

2. 蛙池水体中酸碱度（pH 值）的调控

蛙池水体的 pH 值是显示水质优劣的重要标志，适宜蛙类生长的 pH 值为7.5 ~8.6，pH 值低于7 或高于9 是劣质水，而当 pH 值低于5.0 或高于9.5，蛙类就会死亡。因此，蛙池水体中 pH 值过低或过高都会影响石蛙的吃食生长，甚至死亡。有不少养殖户，就是在这个节骨眼上出了问题，致使蛙类大量死亡，造成重大经济损失。这不是危言耸听，请看下面两个实例。

1999 年10 月，浙江省宁海县石蛙养殖场向原浙江农业大学采购105 对种蛙，蛙运到后随即放入新建的水泥池（水中 pH 值达9.0 以上）中越冬。经过5 个月的冬眠，到次年春天，气温回升，但这批生活在高碱水中的石蛙却始终没有苏醒过来。造成10 万余元经济损失，还耽误了一年的生产。

2005 年春，还是这个养殖场，因新建的水塔没有彻底脱碱（水中 pH 值为9.5），便将水塔中的水引入蝌蚪池。由于水塔中的水碱性过高，导致池中3 万多尾蝌蚪中毒死亡，无一幸免。这足以证明，高碱水是石蛙的杀手。因此，对池水中的pH值一定要进行调控，使之适应石蛙的生存条件。

在生产中我们是这样调控pH值的：当水体中的pH值变低，小于7.5时，可向养殖池的水体中泼洒30毫克/升的生石灰进行调节。如果pH值仍然较低，可在5~7天后，用同样的剂量和方法，再使用一次生石灰。使用生石灰还能杀死水体中的致病菌，起到预防蛙病的作用。

当水体中的pH值增高，大于8.6时，可适当排出池塘底层15~20厘米深的老水，再注入一部分新鲜水，将池水恢复到原先水位，2天后使用微生物制剂调控池塘水质。不具备换水条件的池塘，可向水体中施放15~20毫克/升的石膏细粉，也可先用0.3毫克/升的二溴海因或1.0毫克/升的漂白粉杀死池水中的部分藻类，再用光合细菌和芽孢杆菌微生物制剂进行水质调节。

新建的水泥池，在使用前应当用淡水或海水充分浸泡（约1个月左右），浸泡5次以上，每次5~7天，每次浸泡换水前应冲刷池壁；也可用醋酸或稀盐酸冲刷池底池壁，然后再浸泡，以消除碱性物质。当pH值稳定在8.6以下时，再用清水刷洗干净后方可使用。2005年以后，宁海县石蛙养殖场的所有水泥池，由于经过彻底脱碱处理，因此，所养的石蛙都很健康，没有因pH值过低或过高而引起中毒死亡。

3. 缩短石蛙冬眠期的“奥秘”

这些年来，浙江省宁海县力洋镇的养蛙户都知道，笔者养殖场的石蛙产卵期总要比人家提早1个月时间，这是什么原因呢？原来，处在冬眠状态的石蛙（水温10℃左右）只要水面上的气温升至20℃左右时，照样会从冬眠中苏醒过来活动摄食。于是笔者想方设法，使蛙池内的温度升高。跑到宁海县买了一大捆尼龙薄膜，给蛙池盖上一条“尼龙被”。这样一来，凡是盖上“尼龙被”的蛙池气温都升高了。真神奇，原来静静地隐匿在石穴中冬眠的石蛙，犹如从梦中惊醒，纷纷出洞跳上食台抢虫子吃了。原先石蛙每年要冬眠5个月左右，现在至少可缩短1个多月的冬眠期，当然产卵期也就相应提早了。但在晚间气温降低，光盖尼龙薄膜还是不够保暖。于是，笔者用电热棒（必须加网罩以免烫伤蛙体），放入蛙池进行加温，以达到理想的温度。

4. 山区建场必须重视预防洪涝灾害

开发山坡荒地建设养蛙场，好处颇多。既能节约农田，又可降低成本，清新的山水源源不断地流入蛙池，为石蛙提供了一个山清水秀，清凉幽静的生态环境。

2008年盛夏，我们冒着酷暑来到宁海县岭峧石蛙养殖场采访受灾情况，当沿着山边小路走进蛙场时，一眼见到蛙场内的防逃墙有的已被洪水冲塌，有的裂开一个大窟窿；蛙池上搭起的遮阴棚七歪八斜，杂乱无章；地上到处散落着断砖片瓦，泥沙乱石，一片狼藉。看到这种情况，心想这次洪水对蛙场一定造成很大的损失。便问正在清理蛙池的施大伯，于是他回忆起当时的情况：那天晚上，受台风影响，风雨交加，高山上的洪水汹涌直泻，淹没了蛙场，地势低的地方，积水有1米多深。雨越下越大，到半夜还不见停息。他冒着大雨，在黑暗中摸索前进，总算找到了蛙场。这时洪水已涨到齐腰身高，突然听到“轰隆隆——”一声巨响，墙头倒塌了。他心急万分，蛙池里的蛙保不住了，于是找到一根竹竿放入池中去探石蛙，谁知拨来拨去怎么也触不到一只蛙（其实蛙早被洪水冲光了）。天蒙蒙亮时才回到住所，室内进水有 2 米多深。这次洪水给场里造成很大损失，听场长说，估计经济损失达 30 余万元，场里几千只蛙全部在深山“落户”。

山区发生洪涝灾害是常有的事，它给人民的生命财产带来极大危害，尤其山区养蛙受害最重。为此，我们在这里要特别提醒养殖户，在建场时，选址一定要慎重，不要靠山边建场，要避开洪水流经的线路。只有这样才能从根本上免除洪水带来的危害。但对已经在山区建场的养殖户，在洪水到来之前，应做好以下防洪措施。

①洪水来临之前，要及时疏通各种渠道，避免阻塞，使洪水迅速排放出去；②要加固各种养殖设施，尤其是水池上的网盖要扎牢，并适当降低蛙池水位；③如果条件许可，最好将低位池的蛙转移到高位池暂养，待洪水过后再放回原池，以免洪水来时发生逃蛙；④蛙池要排列有序，池与池之间要保持一定的间距，以利于排水和操作管理。

5. 露天蛙池要做好水温调节

在山区有些养殖户都在露天建池养蛙。他们在蛙池上搭起矮小简陋的凉棚，用以遮阴蔽日。殊不知，采用这种简易的遮阴设施是难以达到遮阴效果的。

夏季高温时节，露天蛙池的水温升高很快，其水温要比室内蛙池高得多。我们曾经到山区测试过几个蛙池的水温，一般都在 30℃左右，有的甚至达到 32℃，用手抚摸池壁感觉烫手。石蛙喜欢水质清凉，过高的水温对蛙的生长无疑是有害的。水温过高（32℃以上）还会危及蛙的生命。因此，夏、秋季节一定要做好水温的调节工作，采取相应的遮阴降温措施。尽量使水温降至30℃以下，使石蛙生活在适宜的水温环境中，健康生长。

建议山区露天养蛙的农户，应采取以下几种调温措施。

①搭建遮阴棚的高度应达2米左右，且面积要比蛙池总面积扩大一些（四周面积应超出蛙池1米以上）。如靠近西边的池子，因日照时间长、池壁受热后，导致池水温度升高，应将遮阳网拉近地面，把阳光挡住。这样可以防止水温升高给蛙带来危害。

②在炎夏季节，要用高效遮阳网或双层遮阳网覆盖全池。同时，蛙池水位可提高至50厘米以上。

③在遮阴棚四周最好栽培速生常绿藤蔓植物，使之缠绕成一张天然的绿色遮阳网，以达到更有效的遮阴效果。

④如果条件许可，向池内注入清凉的山水，或采取池面淋水、微流水等措施，这无疑是降温的好办法。

⑤冬季气温低，池水容易结冰，要搭建双层塑料大棚。使蛙池水温保持在10℃左右。同时，宜在池内放养些水草，对池水有一定的保温作用。

6. 陈师傅省工省钱建蛙池

水泥池是石蛙养殖的基础设施，它的造型结构直接关系到建造成本和养蛙场的经济效益。

利用水泥池养蛙，是目前使用较为普遍的一种养殖方式。建造水泥池不受地理环境的限制，无论庭院、坡地都可建池。水泥池养蛙有很多优点：坚固耐用，水质不易混浊，水温容易控制，用药计算正确，易于清池消毒，管理操作也很方便。

建造水泥池的成本，约占养蛙场总成本的60%以上。因此，建池成本的高低直接关系到养殖场的经济效益。据调查，近年来由于建材价格和建筑工价出现较大幅度的上涨，致使建池成本偏高。2009年浙江省宁海地区建造水泥池，每平方米的造价高达80～100元，为3年前的1～2倍，这样昂贵的造价使养殖者难以承受。

2008年5月间，我们对浙江省宁海县、三门县和福建省龙岩市等地的养蛙场进行调查，发现福建省龙岩市的陈师傅建造的池子成本最低。每平方米约为50元，比其他蛙场要低40%左右，究其原因主要有两个方面。

①为了节省平整土地的费用，陈师傅利用自己荒废的花棚建池；采用地面直接铺砖的方式建造地上池。估计可节约劳工费15%左右。

②改厚砖（厚度为6厘米）为薄砖（厚度为4厘米）。这样可节省材料费1/3左右；另外，水泥池的排列形式，由原来的单池式改为组合式，即按6口蛙池为一排，2排池子合为1组，中央的池壁两排合用。可节约费用15%左右。

陈师傅的蛙池大小适中，长为4米，宽为2米，池深为0.8米，总面积为8平方米。池底高低起伏，有水潭、石穴、陆地，适宜于石蛙潜游停歇。为便于排水清污，在池底做成稍向排水口倾斜的坡降。

在排水口底部开有一个直径为3厘米的排水孔，内装塑料管。并接一个弯头，以便排水。另外，在池中放置1块0.5平方米的木板或薄形水泥板，板下用砖头垫高30厘米左右。作为饲料台（台下供石蛙休息）。池内约 1/5 的水面放养水草，可起到遮阴降温作用。

最近，陈师傅别出心裁，正在家中设计建造一种泥（水泥、砖头）塑（硬塑料网）组合的新型蛙池。这种蛙池的底部（占全池 2/3 处）用水泥和砖头砌成（蓄水用），池周（占全池 1/3 处）用塑料网衣或水泥瓦做围栏，防止蛙越池逃逸。陈师傅说，这种蛙池的造价要比水泥池造价低 30% 左右，但时间久了塑料网容易老化变脆，要不断更新。

7. 蛙池栽种水草好处多

（1）栽种水草的益处　①蛙池中栽种水草，不仅能在光合作用过程中释放氧气，同时可吸收池水中的氨态氮、二氧化碳以及有机物质等有害物质，对稳定蛙池水质起到一定作用；②蝌蚪和幼蛙在水中活动的时间较少（尤其是幼蛙），喜欢趴在水草的茎叶上休憩和嬉戏。同时，枝叶繁茂的水草具有遮阴蔽日的作用，对石蛙生长有利。因此，水草繁茂的水域是石蛙活动的好场所；③石蛙生活在水草密集的水域相对比较安全。水草为蛙创造了一个隐蔽的栖身环境，也为蝌蚪变态幼蛙时，躲避大蛙或其他凶猛鱼类的攻击提供了保护地。根据浙江省宁海县石蛙养殖场 2 年来的试验，投放水草与无草的清水池对比，蝌蚪和幼蛙成活率可提高 15% 以上。

水草的种类很多，根据我们的经验，适宜蛙池放养的水草最好从池塘中采集野生水葫芦，由于水葫芦的叶片大、浮力强，漂浮水中不容易下沉，且不易腐烂，非常适合蝌蚪和幼蛙趴草休息。但蛙池放草不宜全池放满，而应集中放在蛙池中央，同时，在水草周围必须用竹竿栏围，使水草距池壁有 30

厘米的空隙。这样就可防止停歇在水草上的幼蛙乘机蹿出池外。

（2）水草的栽培方法　我们场里栽培的水草，主要有苦草、菹草、眼子菜、水葫芦、浮萍和轮叶黑草等。另外水生挺水植物如茭白、慈姑、菱角苗等也可。养殖场移栽水草采用了三种方法：①抛栽草苗。春夏之交，草苗刚刚萌芽，采集后用湿泥土包住根，掐成团，抛入池底，便可生根发芽。如轮叶黑藻的茎叶均能发芽生长，将其根茎抛栽后，很快长出新芽，且抛栽 1 次可年年生长；②铲根移栽。可从岸边或干涸的河塘底部，用锹带土铲取草根，运到蛙池中栽植，不久便可成活，萌发出新芽；③播种草籽。苦菜、轮叶黑藻等，可在 8—9 月份种子成熟时，将草籽采集晒干。来年春天播种到蛙池中，便可长出新叶来。

8. 蛙卵应“先杀菌、后孵化”

2009 年 6 月 16 日，为了进行实验，我们向宁海县石蛙养殖场要了一些蛙卵。这次拿来的蛙卵，质量很好，受精率高，粒粒乌黑发亮。蛙卵运到后，随即移入事先准备好的面盆内进行孵化。我们抱着很大的希望，日夜观察着蛙卵的孵化情况。池子里的蛙卵一片乌黑，表明卵子的动物极在上，植物极在下，完全处于正常的位置。同时，蛙卵都是平坦地铺展在水中，没有黏连成团的现象。这样就不会被夹入卵块中的卵粒因缺氧而窒息死亡。因为蛙卵在孵化时会消耗水中的氧气，卵外胶质膜的溶化，更会消耗大量的氧气。如果不大量增氧，势必会造成胚胎或刚孵出的蝌蚪因缺氧而窒息死亡。因此，我们特意买来增氧机器，日夜进行充氧，以此来提高孵化率。

蛙卵在水池内顺利地孵化着，一切都很正常。受精卵不断进行细胞分裂，由一个圆形的胚胎，逐渐形成狭长的蝌蚪状，有的已在卵膜内微微跳动。孵化的速度很快，再过 3 天小蝌蚪便可出膜了。我们满怀欣喜地等待着小蝌蚪早日出世。

蛙卵孵化进入第六天。那天早上，走近一瞧，令人大吃一惊，发现水中原来乌油油的蛙卵怎么一夜之间变成白白一片，好像长着一层薄薄的棉絮状的绒毛。我们立即意识到，这是水霉菌捣的鬼，原来蛙卵被水霉菌感染了。

水霉菌是一种常见的体表皮肤真菌寄生性疾病。这是因为采集蛙卵时操作不慎，造成卵膜损伤，水霉菌侵入而引起的疾病。蛙卵一旦遭受水霉菌丝的侵害，菌丝侵入卵膜，消耗大量氧气和营养，使胚胎死亡，或整个卵簇霉变坏死。

查明了蛙卵患病的原因，我们立即将蛙卵从盆里捞起，然后用高锰酸钾水溶液进行药浴。但经过一夜的处理，蛙卵仍然浑身雪白，水霉菌有增无减，来势凶猛。我们于是又适当增加药液浓度，将蛙卵再次进行药浴。如此连续 2 次杀菌，病情才得到初步控制，但已造成很大损失。这次水霉菌的发生，大约有 75% 的蛙卵遭水霉菌所害而中途夭折，孵化率只有 25% 左右，而即使孵化出的蝌蚪体质也很瘦弱，培育一个来月，也相继死亡。令人万万想不到，这样健康的蛙卵竟死于一旦。我们从失败中得到了教训，这就是：蛙卵在孵化前，一定要“先杀菌、后孵化”，决不能得了病，再去寻医问药，那就为时晚矣。

9. 生态养蛙创效益

为了把石蛙养殖这块“蛋糕”做大做强，2007 年 5 月，笔者向村里承包了 500 亩荒山，并从中规划 200 亩谷地（山沟），建设生态养蛙场。

生态养蛙（俗称封沟养蛙），就是利用山区特殊的地理环境进行大面积围栏的一种养殖方式。具体来说，即是选择生态条件优良的山间谷地或小盆地，人为地用塑料薄膜或网衣将谷口封围起来，使之形成一个天然的养殖池。生态养蛙是一种粗放型的养殖方式，省工省料，可以节省大量建设投资，且石蛙生长速度快，蛙的肉质更接近野生蛙，是名副其实的绿色保健食品。因此，开展生态养蛙具有良好的经济效益和广阔的前景。

石蛙有怕热、怕干燥和强光直射等生理特性。因此，选择和建造生态蛙养殖场，要具备水源充足，阴凉潮湿，环境宁静等条件。只要达到林木郁葱、场地潮湿、水质清凉就是理想的养蛙场地。特别是水源要充裕，俗话说："水深石蛙多，水浅石蛙跑。"要求养殖区内有终年不断的山涧溪流贯穿，即使是冬季干枯期，也能有足够的流量，溪水长流，川流不息。

养殖场所在地是一个大山谷，三面环山，一面用塑料网衣围栏，形成一个天然的人工湖。不过，要在谷口用塑料网衣围栏，防止石蛙外逃。谷口与围网外的水道相通，使清凉的山水直接流入山沟，但谷口两侧和谷尾地带不用围栏，因在一般情况下石蛙只会向谷口逆水方向逃跑，极少游向谷尾的；环境无特殊变化也不会翻越两边山顶，逃往另一谷地。

山沟里敌害比较多，因此在放养幼蛙前，要对封沟养殖场地进行一次彻底的清查。消灭蚂蝗、鼠类、蛇类、水蜈蚣及肉食性鱼类。在投放以后，也要日夜巡查，确保蛙的安全，特别要防止外人进沟捉蛙。

山沟水清澈见底，一眼望去，便可清楚地看到蝌蚪在水中游动，水面上满眼都是一丛丛水草，水葫芦、革命草……葱绿一片，犹如一块绿色的绒毯。水面上栽种水草，可以调节水温，增加水中氧气，还能起到遮阴蔽日的作用。

石蛙是穴居性两栖动物，白天隐匿洞穴，夜间才出穴活动。为了替石蛙筑造一个舒适的“家”——洞穴，场里的员工们从远处运来砖头、石块和水泥瓦等材料，在山沟岸边和溪水里搭建模拟自然界的洞穴，供石蛙“安家落户”。

山沟里的食物很多，地上爬的虫子，空中飞的昆虫，水中游的鱼虾，都是石蛙爱吃的“美食”。

石蛙喜欢栖息在阴凉、潮湿的环境。到了夏天，在山沟里用毛竹和遮阳网，搭起遮阴棚。为了更好地遮阴蔽日，他们还在山沟边栽培速生常绿蔓藤作物，使水沟保持清凉。

冬天来临，水温降至10℃以下，山沟里的石蛙趋于冬眠状态。这时要尽量加深水位，使之达到1米深，以防天气变化而引起水温突变。利用人工筑造的洞穴越冬时，要控制水位略低于洞穴，不能将洞穴淹没在水体中。可在水沟周围向阳避风处挖洞穴，覆盖稻草、杂草等或搭架塑料棚、草棚、草堆之类的御寒保温设施，供蛙体避寒越冬。越冬期间还要重点防止鼠类等敌害生物。

2008年放养在山沟里的2万余只幼蛙目前长势喜人，可产2吨多商品蛙，产值50余万元。

10. 赵师傅低温运蛙有妙招

石蛙引种、蛙苗和商品蛙的贩运等都离不开活蛙运输。活蛙运输的关键是提高运输效率和成活率。在生产实践中我们认识到，运输成活率受很多因素的影响。其中，运输途中的温度、密度和装蛙箱（容器）最为关键。这里举两个实例。

①宁海县新建石蛙养殖场于2008年6月从湖南省车运石蛙（商品蛙）400千克，因气温高（气温35℃以上），运输路程长（40个小时），运回家后，整车石蛙死亡，腐败，无食用价值，经济损失8万余元。

②福建省龙岩市新罗区石蛙养殖场于2008年5月从宁海采购22对石蛙（作种蛙），因用麻袋装蛙，石蛙挤压在一起，当汽车行驶时，车厢剧烈震动，石蛙摩擦碰撞，严重受伤。当运回家后，袋内的石蛙有26只已经奄奄一息，其余的蛙也被撞得遍体鳞伤。

从上面两个例子足以说明，运输条件的优劣是直接关系到活蛙运输成败的关键。

赵师傅是深圳市蛇口镇石蛙养殖户，他对运输石蛙的经验相当丰富。特别在运蛙季节上，不论运输成蛙还是幼蛙，他都安排在低温（15～20℃）季节进行。对装运蛙的容器也很讲究。他装运活蛙是一种特制泡沫塑料箱，这种箱分6层，每层分8格（相当于8只小盒），每盒可装6～8只蛙。这样装入箱内的蛙，因用薄板相隔，当车辆行驶时，不会因震动而引起蛙体挤压碰撞，故成活率高。

赵师傅说，石蛙有怕热喜凉的特性，在运蛙时动作要轻柔快捷，要避免高温和阳光直射。为使运输途中控制水温升高，他还在箱底垫些冰块，冰要用不漏水的胶袋包住，绝不可直接触及蛙体。用冰块调节水温，效果相当好。另外，为了保护蛙的皮肤，防止运输途中擦伤，最好在盒底放些潮湿的海绵、水草、菜叶之类，使蛙处于柔软、潮湿、凉爽的环境之中。赵师傅在运输途中还经常开箱检查，适时淋水，使蛙体保持潮湿，有利于呼吸。蛙运到后，要进行清洗消毒，然后才能放入水池饲养。

2008 年赵师傅到宁海运蛙共 3 次，由于他选择低温运输，塑料箱装蛙，做到勤检查，细护理，因此运输成活率都达到 98% 以上。

11. 提高石蛙繁殖率的关键技术

福建省建瓯市石蛙养殖工程师何杰锋，养殖石蛙已有多年经验，特别对石蛙繁殖的经验相当丰富。他们场由于采取下列几种技术措施，使石蛙繁殖达到“三高”，即产卵率高、受精率高、孵化率高。他所采用的技术措施如下。

（1）严格选种、体重达标　这是确保种蛙多产卵、产好卵的基础。种蛙要选个体健壮、食欲旺盛，弹跳有力。种蛙的体重：雄蛙要求 200 克/只，雌蛙 150 克/只。这种规格的种蛙产卵量大，受精率高。体重 100 克左右的蛙，一般生育能力不强，产卵量很少，故不能用作种蛙。雌、雄蛙配比以 1∶1 为宜。防止雌多雄少，影响受精率。

（2）投足喂饱、注重营养　临近冬眠的种蛙，一定要投足喂饱。要投喂足够的高蛋白动物饲料（黄粉虫、大麦虫、蚯蚓等）。使它积蓄更多的营养，安全过冬。冬眠结束后，要增加多种营养物质。这时要在饲料中添加多种维生素、鱼肝油、钙质、葡萄糖等，以增加体质，达到多产卵，产好卵。

（3）雌雄种蛙、分池暂养　在繁殖期间，为防止过早发情的雄蛙频繁地追逐雌蛙，在临产前，应将雄、雌蛙分池暂养。

到了即将临产时，就将其合并一池，同时注射催产激素，让其一次性将卵产完。

（4）保持安静、控制水位 要抓好三个方面：①在繁殖期间，要保持安静、阴暗的环境，防止人为干扰；②加强水质管理。在高温期间，水质容易污染。因此，要注意排污，不断灌注新水，使池水保持清新；③种蛙发情交配宜在浅水中进行。蛙池水位宜控制在 15 厘米左右。如池水过深，雄蛙在水中爬背时，后肢往往踩不到池底，而在水中漂浮不定，因而受精率不高。

12. 城市自来水决不能养蛙

2008 年春天，我们为了在家中搞庭院养殖实验，准备了一些蛙卵。由于邻近没有自然水资源，只能因地制宜利用家里的自来水养蛙。蛙卵是放在面盆里孵化的，为了提高孵化率，还买来 2 台增氧机放在蛙卵中不断增氧。蛙卵进入正常的孵化阶段。1 周以后，小蝌蚪纷纷脱膜而出。刚出膜的蝌蚪圆头细尾，全身乌黑，模样活像鲇鱼苗。初期的蝌蚪不大活动，依靠胸前的吸盘吸附在水底或水草茎叶上。但孵出早的蝌蚪已能摆动长尾在水中游动。我们用富有营养的蛋黄、鱼肉糜喂小蝌蚪，小蝌蚪吃得好，长得也快，养到 2 个多月，便长出前、后肢，3 个月后，便变态成幼蛙了。幼蛙在白天一般很少活动，多数隐匿在石洞内或停歇在水草上，到了晚间便开始活动觅食。为了给石蛙准备“粮食”，我们专门培育黄粉虫和大麦虫。这些小石蛙吃食很有规律，一到 19：00—20：00，便早早跳上食台等着吃了。可是谁也意想不到，这些小蛙长到 6 ~ 7 克时，食量明显减少，有的甚至拒食。这时我们发现食台上的黄粉虫，几乎全被拖入水中，造成虫体腐烂。污染水质，这究竟是什么原因呢？要不虫子太大，虫体太硬？而影响其进食呢？于是便挑出个体小，虫体软的黄粉虫给小蛙吃，尽管如此，小蛙的胃口还是不开，食台上的虫子一条也不少。

真是天有不测风云，池子里的小蛙突然发生死亡，3 只、5 只、10 只……真使人束手无策，要是这样下去，庭院养蛙计划将彻底破产，连续死蛙引起我们的高度重视。于是全面检查幼蛙的生长情况，发现水池里原来有几只体重 10 多克的幼蛙不见了（原来蛙变瘦了），池子里的小蛙似乎比原来瘦小得多，于是随手捉出几只小蛙用天平称了一下，真是不称不知道，一称吓一跳，蛙的体重只有 5 克左右。小蛙如此，大蛙怎样呢？我们便称了 1 只雄蛙，刚买来时的体重达 150 克，养了 6 个多月（其中 4 个月冬眠），体重只有 120 克了，明显下降 30 克，真是皮包骨了。这是为什么呢？我们静下心来思考一下，原因是水的问题。石蛙离不开水，水是石蛙的生命线。为什么其他养殖场的蛙，都很正常地发育生长，从蝌蚪变态幼蛙，从幼蛙慢慢长成大蛙。唯独我们养的蛙越养越小，甚至“无病而终”。我们与其他蛙场相比，蛙吃的食物、养殖池，气候条件基本相同。而所不同的是，水质不同。他们用的是清凉的山泉水，而我们用的却是没有微生物的含氯自来水。由于石蛙身体裸露，容易富集自来水中的氯等有毒物质，导致慢性中毒。建议不要用含氯自来水养蛙，以免造成不必要的经济损失。

13. 西瓜皮是黄粉虫的好饲料

方阿姨将家里吃剩的西瓜皮顺手丢进了黄粉虫的饲料盒里，真想不到黄粉虫竟一拥而上，趴在西瓜皮上大快朵颐，密密麻麻把西瓜皮挤得水泄不通。

那天，方阿姨兴冲冲地捧着饲养黄粉虫的盒子，递给我们，像发现新大陆似地说："黄粉虫爱吃西瓜皮，你瞧，一天一夜，一块厚实的西瓜皮被啃得只剩下一片干硬的表皮啦！"过去，方阿姨总要到市场上买青菜（每千克3元）给虫吃。不但价钱贵，而且有农药残毒。而西瓜皮代替菜叶，不花费一分钱，货源到处都有，家里吃西瓜时留下的瓜皮，就足够给黄粉虫吃饱，真是一举两得。

在炎热的夏天，气候干燥，适当给黄粉虫吃点多汁饲料，有利于黄粉虫的生长。利用西瓜皮喂虫，好处很多。西瓜皮稍带甜味（黄粉虫爱吃甜食），水分多，营养丰富，来源广，真是黄粉虫的优质青饲料，很值得推广。但因西瓜皮水分多，在投喂时应将多汁部分的瓜肉切除。但黄粉虫很贪食，青饲料吃多了，容易引发软腐病，因此投喂青饲料要适量。同时，铺在饲养盒内的麦麸吸水多了容易霉烂变质，妨碍黄粉虫的生活。

黄粉虫是一种杂食性的昆虫，适合黄粉虫的青饲料很多。如南瓜皮、冬瓜皮、苹果皮、香蕉皮、丝瓜花等，养殖者可以因地制宜，就地取材，本着"来源广、价格低、营养好"的原则，选用青饲料，以降低成本，提高效益。

14. 促使大麦虫快速变态的诀窍

各种昆虫都有自己独特的生活习性，如密集在一起的黄粉虫，照样能顺利变态。而生活在拥挤环境中的大麦虫，要是不单独分居，即使到了老熟成虫阶段也迟迟不会变态。

我们养殖的大麦虫，已有3个月了，大部分到了老熟幼虫期，可还是同平常一样，不停息地在饲养盒里爬来爬去，丝毫没有变态的迹象（将要变态的幼虫虫体蜷缩，不食不动）。这是什么原因呢？正在思考的时候，突然听到方阿姨惊叫起来，原来她在花盆底下发现一只大麦虫变的蛹，随即又在1只空盒和麸皮袋中找到3只蛹和2只成虫。其实方阿姨发现的蛹和成虫都是从饲养盒内逃出来的大麦虫变态而成的。为何逃出来的几条大麦虫能及早变态，而密集在饲养盒里的大麦虫却原地不动呢？但仔细分析起来道理是不言而喻的。原来逃出来的大麦虫各自隐藏在黑暗的角落里，环境比较安静，没有任何干扰。以前大麦虫临近变态时，要单独放在塑料管里，让其自行变态。明白了这个道理，我们立即动手，将集群生活在盒子里的大麦虫，一条条捉出来（体长4厘米以上）分别放入塑料管（3.0厘米×7.5厘米）内，两端用订书钉订牢（内放些麦麸），这样就像船驶进了风平浪静的“避风港”一样，在安静的管子里变蛹。说来真怪，放入塑料管里的大麦虫，不到5~6天便顺利变蛹了，有的竟变成虫了。而留在饲养盒里的大麦虫还是忙碌地爬动着。丝毫没有变态的迹象。听老的养殖户说，临近变态的大麦虫，要是不单独分居，即便饲养半年，仍旧是老样子。

15. 石蛙疾病的预防好办法

邓德芳是浙江省兰溪市黄店镇林业站的工程师，在辅导各地防治蛙病时，始终贯彻“无病先防、有病早治”的方针，坚持对石蛙进行疾病预防。各地养殖户由于采取这些防病措施，所养的石蛙个体健壮，发病几率很少。其防病措施如下。

①在蛙的饵料中适当添加多种维生素、微量元素、低聚糖酶制剂，以调剂蛙体的代谢功能，增强蛙的抵抗力。

②投喂饵料要合理搭配，即投喂2天黄粉虫、1天蚯蚓。坚持“四定”投饵。坚持“匀、好、足”的基本原则。使石蛙营养达到全面平衡，保持健康状态。

③在摄食高峰期，按每千克料加入“食母性”5克、“人参大蒜素”3克，可预防因消化不良而引起的肠炎。

④每隔10天或半个月按每立方水体使用30毫升光合细菌进行全池泼洒净化水质。

⑤使池水微流动，自动排灌，放养密度不宜过大。

⑥禁止外人进入蛙场工具使用前后要消毒，防治病原菌侵入蛙池，定期用季铵盐络合碘消毒。

邓工程师建议，防病要从3个方面着手，既要增强蛙的抗病能力，又要消灭病原体，还要改善其生活环境，加强营养。操作要小心，防治蛙体受伤，严格检疫，隔离病蛙，合理用药，以利于蛙的健康成长。

16. 他治好了石蛙的烂皮病

刘竹泉是浙江省兰溪市林业局的工程师，他在治疗石蛙烂皮病方面，取得了良好的效果。

烂皮病是石蛙的常规疾病，危害严重。病蛙的头部、背部和身躯皮肤失去光泽，头部溃烂，呈白色花纹状，腐烂。食欲减退或停食，关节肿大、歪头，有的眼球变白，甚至瞎眼，严重时导致死亡。

刘工程师治疗石蛙烂皮病所使用的药物有以下几种，现介绍给大家。

①用25%氟苯尼考或甲钒霉素等全池泼洒杀菌消毒，按每立方米水体使用5克，连用3天，病情严重者隔2天重复1次。

②采用喷雾施药法：用腐皮克星加稳定性戊二醛，将药物喷洒在石蛙的体表。用量为每10克/升，连用3天，隔2天再使用1次。

③在饲料中添加25%氟苯尼考、双黄连、维生素A、维生素D、DHA、EPA等药物，连续投喂（5～7天为一个疗程），坚持2～3个疗程，服药后，用保肝宁进行护肝。

经上述方法处理，经过1～2个疗程，石蛙烂皮病情基本得到控制，死亡率降低，食欲提高，投饵增加。30天后基本恢复正常。

17. 大学生艰苦创业，养蛙走上致富路

王理是湖南省沅江市盘洲镇一位普普通通的农村青年，他于2008年大学毕业后，投资5万元养殖青蛙，一年净赚80万元，被当地人亲切地称为“青蛙王子”。2010年10月，他被评为感动沅江十大市民典范，他的事迹还上了中央电视台《致富经》栏目。他创办的青蛙养殖业成为中央电视台的“财富传奇”。

2009年1月，王理毅然辞去一份月薪6 000多元的外企工作，带着5万元的积蓄回家创业。当年他在家乡承包了26亩土地做青蛙养殖基地，拉父亲一起搞青蛙的规模养殖。在养青蛙初期，他和父亲通过反复试验、摸索，攻克了一个又一个难关，遇到技术方面的难题，就利用远程教育上网查询信息，通过网络向全国养殖专家咨询，通过边学边干，他摸索总结了一套适合当地水土气候的青蛙养殖技术。

为了养殖成功，王理与青蛙彻夜相伴。在青蛙产卵孵化阶段，王理干脆把床铺搬到池边。仔细观察青蛙的产卵情况。青蛙那些鲜为人知的“奥秘”，那些为了繁衍后代而相互拥抱不离不散的爱情童话，那些在月光下悄然出击追虫扑蛾的精彩场景都让王理心情激荡。

为了解决青蛙饲料不足的问题，王理利用“黑光灯”，把稻田里的小昆虫吸引到蛙池边，使青蛙们有了自己的天然食料。这样不仅节省了成本，而且还为周边的农田除了害。

凭着吃苦耐劳的实干精神，王理的事业迅速发展，他成立了自己的公司。目前，公司拥有 26 名员工（养殖专业技术人员）。公司建立基地 1 个，分基地 6 个。带动当地农户 210 多户。实现销售 300 多万元，利润 200 万元。王理的青蛙养殖吸引了附近很多村民及全国各地不少农民上门取经。他计划在未来 3 年内直接带动农户 1 000 个以上，同时合理配制资源，走可持续发展、主体种养的路子，将让公司办成全国闻名的“青蛙王国”。

18. 徐工独辟蹊径“以蚕养蛙”（徐工指本书作者之一徐鹏飞，以下同）

别人宠猫宠狗，徐工却偏偏对黑黢黢圆滚滚的石蛙情有独钟，一般人还真难以理解。他不但在家里养蛙，按照石蛙喜好的野生自然环境布置石蛙的家，连水也是专供的，是他每天提着水壶到南门大溪取的水，就是这么好生伺候着。令记者印象最深刻的是石蛙的美餐黄粉虫，因为石蛙喜食活动的小昆虫，他们连黄粉虫也是自己养的。看着在米萝里蠕动的成百上千条黄黄的小虫，记者浑身都觉得痒痒的，更遑论他们和这些虫子共居一室了。不是真正的喜欢，这心理上的障碍就很难克服。而他所说的新动作，原来是他又异想天开“以蚕养蛙”，如今他家成了蚕的海洋。

他特意让孙子从网上购来了蚕子和桑树苗等试验材料，小心翼翼地将蚕子放进孵化箱，调好温度和湿度，更耐心等待着蚕宝宝送去营养快餐。“蚕宝宝吃得多，长得也快。养 10 来天就有二三厘米长，可称得上是昆虫中的冠军了。它的优点也很多，个体大（1 条蚕可抵 10 条黄粉虫）、生长快（比黄粉虫快 7 倍多）、营养好、成本低（就吃点桑叶）。所以，把它作为石蛙的新粮，是最合适不过的了。”徐工对他的新型食材信心满满。

记者很好奇徐工为什么如此大费周折地养虫养蚕，他可不是纯粹为了自己好玩。这几年，他热心扶植县里的三个石蛙养殖场，悉心帮他们解决资金、技术和产品销售等问题。平时，常到蛙场走走看看，还不时和养殖户通电话，了解石蛙生长情况，并提出一些指导性意见。

徐工说，当前的石蛙养殖最大的困难是饲料瓶颈。目前各养殖场所采购的“蛙粮”主要是黄粉虫，但这种虫市场供应量少，远不能满足蛙场的需求，且黄粉虫价格昂贵，远途运输死亡率高。目前每斤要卖 20 来元，如按 4 斤虫养 1 斤蛙来计算，蛙农就赚不到什么钱了，所以他才另辟蹊径，寻找一种新的替代食粮。他日思夜想动足了脑筋，多次向上海师大生物系教授请教，查阅各种昆虫类书籍，才有了“以蚕养蛙”的大胆设想，还真成了。（今日宁海 记者徐荐荃）

19. 黄军祥三年养蛙，一波三折

黄军祥是宁海县前童镇竹林村的一位普通农民。今年 50 岁，原先在黄坛镇一家塑料厂打工。2013 年 4 月的一天，一位在来自“前童古镇”开设“农家乐”的亲戚同他说，每天到前童来旅游的人很多，他们都喜欢到“农家乐”来品尝当地名特产——石蛙肉。这里一天要吃掉十几千克蛙肉呢，生意十分火爆。但是养石蛙的人不多，货源紧缺，产品供不应求。店主的一句话，却打动了老黄的心。他想，一家小小的“农家乐”，一天竟能吃这么多的蛙肉，我们宁海大小饭店上百家，一天要吃多少蛙肉啊！这是一个诱人的商机，养殖石蛙定能致富。于是在老黄的心中产生了一个远大的梦想。他愿意辞工回家创业，做一个山沟里的“养蛙人”。老黄的决策，遭到家人和朋友的反对，有的还笑他：“放着好生活不想做，偏要到深山吞苦果。”

2013 年 5 月间，为了养蛙，他毅然辞去了工作。还特意跑到新华书店买了一本“石蛙高效养殖新技术”一书，便在自家的一块荒草地上小打小闹地搞起来了。别看他身材矮小，但干起来活却是个雷厉风行的硬汉子。他在荒地上挖土建池，碰到很多困难。因为这里没有路，各种建筑物资不能直接运到工地，要用人力像蚂蚁搬家一样，把笨重的砖头、石子、黄沙等一件一件挑到工地上。老黄是个多面手，既懂木工，又会做泥工。挖土砌池、铺设管道，管理用房等样样都是自己动手建造的。他起早摸黑，一天要劳动 10 多个小时，人也晒黑了，手也磨破了。当朋友们见到他时，几乎都认不出来了。这样苦苦坚持了两个多月，建成了 20 多个蛙池，还建造了一间管理房。从大水库到蛙池的 300 多米进水管道也铺设好了。接下来便是装运蝌蚪养蛙。那天，老黄骑着摩托车带着 2 个大水桶来到茶院石蛙养殖场采购蝌蚪。等到老黄装好蝌蚪驱车赶回家时，天突然下起了大雨，白茫茫的一片，连路也看不清了。天色渐渐暗下来了，天黑路滑，老黄在路上行驶相当危险。但为了这些小宝贝，他风雨无阻，迎难而上。等车驶到家中已是晚上10点多了。老黄冒雨将两桶（约2 000余只）蝌蚪放入池中后，才拖着疲惫的身体，回到家中休息。

连日来，老黄日以继夜地照料着这些小蝌蚪。在他的护理下，小蝌蚪长得很快，有些已长出后肢了。老黄站在池边，聚精会神地看着这些黑不溜秋的“小精灵”，时而跃出水面，时而潜入水底，真惹人喜爱。他觉得一切苦都值了，毕竟离梦想又近了一大步。

梦想与现实之间总有一段路要走，说起老黄这三年来的养蛙生活却是一波三折，现实没有平坦的大道可走。

2014年8月10日，夏季到来，连日气温都在38℃上下，高烧不退，真是赤日炎炎似火烧。那天，老黄拿了一盒饲料，去给蝌蚪喂食。但谁也没想到，当他走到池边向池里一瞧，呀！只见水面上漂起许多死蝌蚪，池子里的蝌蚪，像热锅上的蚂蚁一样，在水中狂窜乱跳，老黄心急如焚，不知怎么才好。等了几分钟，老黄才梦中初醒。他明白了，池水太浅，（关水30厘米）在太阳光的强烈照耀下，池水温度急剧上升，因为池中不放养水草，蝌蚪受强光刺激，无处隐蔽，更加速了它的死亡。同时，池子上用的是单层遮阳网（应用双层遮阳网），使阳光无阻挡地射向水面，加速水温的上升。这次被烫死的蝌蚪有1 000余只，还有的被灼伤。老黄悔恨自己无知，不懂科学，盲目瞎干，闯了大祸。

2014年5月间，老黄养殖的1 000余只石蛙发生不同程度的烂皮病。病蛙表皮严重脱落，皮开肉烂，血迹斑斑。病重的蛙全身都溃烂，有的蛙眼变白。这次石蛙烂皮病，共死 300 余只蛙。引起石蛙腐烂病的原因，是投喂饲料单一，饲料中缺乏微量元素，尤其是维生素 A 和维生素 D 的缺乏是诱发烂皮病的重要原因。老黄明白了这个道理，随即去购买鱼肝油和多维素等，渗入活饵饲料中给蛙吃。这样经过两个多月的饲养，石蛙的烂皮病得到有效控制，大部分石蛙恢复了健康。

2014 年冬天，各种蛙都不吃不动，陆续进入冬眠。今年老黄新养的 600 余只虎纹蛙也与石蛙一样入池过冬。由于虎纹蛙抗寒能力弱，不能在露天池内过冬。因老黄不了解虎纹蛙的生活习性，在虎纹蛙冬眠时，没采取任何保温措施，结果这些蛙全部冻死池中。这对老黄来说，也是一个惨重的教训！

做好蛙池管理，是养好蛙的根本保证。要吃蛙的动物很多，天空有飞鸟，水中有鱼、蟹，陆上有鸭、蛇。一天，老黄经过蛙池，突然听到噼噼啪啪的声音，他急忙跑去一瞧，一只长脚白鹭正在啄食小蛙。于是他急忙跨进蛙池，一手把白鹭抓住。这家伙一口竟吃进 30 多只小蛙，还从肚子里吐出 6 只小蛙。好厉害的“食蛙凶手”！

附录 2

无公害食品　淡水养殖用水水质

（NY 5051—2001）

2001－09－03 发布

2001－10－01 实施

中华人民共和国农业部　发布

1. 范围

本标准规定了淡水养殖用水水质要求、测定方法、检验规则和结果判定。

本标准适用于淡水养殖用水。

2. 规范性引用文件

下列文件中的条款通过本标准的引用而成为本标准的条款。凡是注日期的引用文件，其随后所有的修改单（不包括勘误的内容）或修订版均不适用于本标准，然而，鼓励根据本标准达成协议的各方研究是否可使用这些文件的最新版本。凡是不注日期的引用文件，其最新版本适用于本标准。

GB/T 5750　生活饮用水标准检验法

GB/T 7466　水质　总铬的测定

GB/T 7468　水质　总汞的测定　冷原子吸收分光光度法

GB/T 7469　水质　总汞的测定　高锰酸钾－过硫酸钾消解法　双硫腙分光光度法

GB/T 7470　水质　铅的测定　双硫腙分光光度法

GB/T 7471　水质　镉的测定　双硫腙分光光度法

GB/T 7472　水质　锌的测定　双硫腙分光光度法

GB/T 7473　水质　铜的测定　2，9－二甲基－1，10－菲罗啉分光光度法

GB/T 7474　水质　铜的测定　二乙基二硫代氨基甲酸钠分光光度法

GB/T 7475　水质　铜、锌、铅、镉的测定　原子吸收分光光度法

GB/T 7482　水质　氟化物的测定　茜素磺酸锆目视比色法

GB/T 7483　水质　氟化物的测定　氟试剂分光光度法

GB/T 7484　水质　氟化物的测定　离子选择电极法

GB/T 7485　水质　总砷的测定　二乙基二硫代氨基甲酸银分光光度法

GB/T 7490　水质　挥发酚的测定　蒸馏后4－氨基安替比林分光光度法

GB/T 7491　水质　挥发酚的测定　蒸馏后溴化容量法

GB/T 7492　水质　六六六、滴滴涕的测定　气相色谱法

GB/T 8538　饮用天然矿泉水检验方法

GB 11607　渔业水质标准

GB/T 12997　水质　采样方案设计技术规定

GB/T 12998　水质　采样技术指导

GB/T 12999　水质　采样　样品的保存和管理技术规定

GB/T 13192　水质　有机磷农药的测定　气相色谱法

GB/T 16488　水质　石油类和动植物油的测定　红外光度法

水和废水监测分析方法

3. 要求

3.1　淡水养殖水源应符合 GB 11607 规定。

3.2　淡水养殖用水水质应符合附表 2－1 要求。

附表 2－1　淡水养殖用水水质要求

序号	项目	标准值	序号	项目	标准值
1	色、臭、味	不得使养殖水体带有异色、异臭、异味	10	氟化物，毫克/升	≤1
2	总大肠菌群，个/升	≤5 000	11	石油类，毫克/升	≤0.05
3	汞，毫克/升	≤0.000 5	12	挥发性酚，毫克/升	≤0.005
4	镉，毫克/升	≤0.005	13	甲基对硫磷，毫克/升	≤0.000 5
5	铅，毫克/升	≤0.05	14	马拉硫磷，毫克/升	≤0.005
6	铬，毫克/升	≤0.1	15	乐果，毫克/升	≤0.1
7	铜，毫克/升	≤0.01	16	六六六（丙体），毫克/升	≤0.002
8	锌，毫克/升	≤0.1	17	DDT，毫克/升	≤0.001
9	砷，毫克/升	≤0.05			

4. 测定方法

淡水养殖用水水质测定方法略。

5. 检验规则

检测样品的采集、贮存、运输和处理按 GB/T 12997、GB/T 12998和 GB/T 12999 的规定执行。

6. 结果判定

本标准采用单项判定法，所列指标单项超标，判定为不合格。

附录3

食品动物禁用的兽药及其他化合物清单

附表3-1 食品动物禁用的兽药及其他化合物

序号	兽药及其他化合物名称	禁止用途	禁用动物
1	β-兴奋剂类：克仑特罗 Clenbuterol、沙丁胺醇 Salbutamol、西马特罗 Cimaterol 及其盐、酯及制剂	所有用途	所有食品动物
2	性激素类：己烯雌酚 Diethylstilbestrol 及其盐、酯及制剂	所有用途	所有食品动物
3	具有雌激素样作用的物质：玉米赤霉醇 Zeranol、去甲雄三烯醇酮 Trenbolone、醋酸甲孕酮 Mengestrol Acetate 及制剂	所有用途	所有食品动物
4	氯霉素 Chloramphenicol 及其盐、酯（包括：琥珀氯霉素 Chloramphenicol Succinate）及制剂	所有用途	所有食品动物
5	氨苯砜 Dapsone 及制剂	所有用途	所有食品动物
6	硝基呋喃类：呋喃唑酮 Furazolidone、呋喃它酮 Furaltadone、呋喃苯烯酸钠 Nifurstyrenate sodium 及制剂	所有用途	所有食品动物
7	硝基化合物：硝基酚钠 Sodium nitrophenolate、硝呋烯腙 Nitrovin 及制剂	所有用途	所有食品动物
8	催眠、镇静类：安眠酮 Methaqualone 及制剂	所有用途	所有食品动物
9	林丹（丙体六六六）Lindane	杀虫剂	水生食品动物

续表

序号	兽药及其他化合物名称	禁止用途	禁用动物
10	毒杀芬（氯化烯）Camahechlor	杀虫剂、清塘剂	水生食品动物
11	呋喃丹（克百威）Carbofuran	杀虫剂	水生食品动物
12	杀虫脒（克死螨）Chlordimeform	杀虫剂	水生食品动物
13	双甲脒 Amitraz	杀虫剂	水生食品动物
14	酒石酸锑钾 Antimony potassium tartrate	杀虫剂	水生食品动物
15	锥虫胂胺 Tryparsamide	杀虫剂	水生食品动物
16	孔雀石绿 Malachite green	抗菌、杀虫剂	水生食品动物
17	五氯酚酸钠 Pentachlorophenol sodium	杀螺剂	水生食品动物
18	各种汞制剂包括：氯化亚汞（甘汞）Calomen、硝酸亚汞 Mercurous nitrate、醋酸汞 Mercurous acetate、吡啶基醋酸汞 Pyridylmercurous acetate	杀虫剂	动物
19	性激素类：甲基睾丸酮 Methyltestosterone、丙酸睾酮 Testosterone Propionate、苯丙酸诺龙 Nandrolone Phenylpropionate、苯甲酸雌二醇 Estradiol Benzoate 及其盐、酯及制剂	促生长	所有食品动物
20	催眠、镇静类：氯丙嗪 Chlorpromazine、地西泮（安定）Diazepam 及其盐、酯及制剂	促生长	所有食品动物
21	硝基咪唑类：甲硝唑 Metronidazole、地美硝唑 Dimetronidazole 及其盐、酯及制剂	促生长	所有食品动物

注：食品动物是指各种供人食用或其产品供人食用的动物。

附录4

无公害食品　渔用药物使用准则

NY 5071－2002

2002－07－25 发布

2002－09－01 实施

中华人民共和国农业部　发布

1　范围

本标准规定了渔用药物使用的基本原则、渔用药物的使用方法以及禁用渔药。

本标准适用于水产增养殖中的健康管理及病害控制过程中的渔药使用。

2　规范性引用文件

下列文件中的条款通过本标准的引用而成为标准的条款。凡是注日期的引用文件，其随后所有的修改单（不包括勘误的内容）或修订版均不适用于本标准，然而，鼓励根据本标准达成协议的各方研究是否可使用这些最新版本。凡是不注日期的引用文件，其最新版本适用于本标准。

NY 5070　无公害食品　水产品中渔药残留限量

NY 5072　无公害食品　渔用配合饲料安全限量

3　术语和定义

下列术语和定义适用于本标准。

3.1　渔用药物　fishery drugs

用以预防、控制和治疗水产动植物的病、虫、害，促进养殖品种健康生长，增强机体抗病能力以及改善养殖水体质量的一切物质，简称“渔药”。

3.2　生物源渔药　biogenic fishery medicines

直接利用生物活体或生物代谢过程中产生的具有生物活性的物质或从生物体提取的物质作为防治水产动物病害的渔药。

3.3　渔用生物制品　fishery biopreparate

应用天然或人工改造的微生物、寄生虫、生物毒素或生物组织及其代谢产物为原材料，采用生物学、分子生物学或生物化学等相关技术制成的，用于预防、诊断和治疗水产动物传染病和其他有关疾病的生物制剂。它的效价或安全性应采用生物学方法检定并有严格的可靠性。

3.4　休药期　withdrawal time

最后停止给药日至水产品作为食品上市出售的最短时间。

4　渔用药物使用基本原则

4.1　渔用药物的使用应以不危害人类健康和不破坏水域生态环境为基本原则。

4.2　水生动植物增养殖过程中对病虫害的防治，坚持“以防为主，防治结合”。

4.3　渔药的使用应严格遵循国家和有关部门的有关规定，

严禁生产、销售和使用未经取得生产许可证、批准文号与没有生产执行标准的渔药。

4.4 积极鼓励研制、生产和使用“三效”（高效、速效、长效）、“三小”（毒性小、副作用小、用量小）的渔药，提倡使用水产专用渔药、生物源渔药和渔用生物制品。

4.5 病害发生时应对症用药，防止滥用渔药与盲目增大用药量或增加用药次数、延长用药时间。

4.6 食用鱼上市前，应有相应的休药期。休药期的长短，应确保上市水产品的药物残留限量符合 NY 5070 要求。

4.7 水产饲料中药物的添加应符合 NY 5072 要求，不得选用国家规定禁止使用的药物或添加剂，也不得在饲料中长期添加抗菌药物。

5 渔用药物使用方法

各类渔用药使用方法见附表 4－1。

附表 4－1 渔用药物使用方法

渔药名称	用途	用法与用量	休药期/天	注意事项
氧化钙（生石灰）Calcium oxide	用于改善池塘环境，清除敌害生物及预防部分细菌性鱼病	带水清塘：200～250 毫克/升（虾类：350～400 毫克/升） 全池泼洒：20～25 毫克/升（虾类：15～30 毫克/升）		不能与漂白粉、有机氯、重金属盐、有机络合物混用
漂白粉 bleaching powder	用于清塘、改善池塘环境及防治细菌性皮肤病、烂鳃病、出血病	带水清塘：200 毫克/升 全池泼洒：1.0～1.5 毫克/升	≥5	1. 勿用金属容器盛装。2. 勿与酸、铵盐、生石灰混用

续表

渔药名称	用途	用法与用量	休药期/天	注意事项
二氯异氰尿酸钠 sodium dichloroisocyanurate	用于清塘及防治细菌性皮肤溃疡病、烂鳃病、出血病	全池泼洒：0.3～0.6毫克/升	≥10	勿用金属容器盛装
三氯异氰尿酸 trichloro – sisocyanuricacid	用于清塘及防治细菌性皮肤溃疡病、烂鳃病、出血病	全池泼洒：0.2～0.5毫克/升	≥10	1. 勿用金属容器盛装。2. 针对不同的鱼类和水体的 pH 值，使用量应适当增减
二氧化氯 chloring dioxide	用于防治细菌性皮肤病、烂鳃病、出血病	浸浴：20～40毫克/升，5～10分钟 全池泼洒：0.1～0.2毫克/升，严重时0.3～0.6毫克/升	≥10	1. 勿用金属容器盛装。2. 勿与其他消毒剂混用
二溴海因 dibromodimethyl hydantoin	用于防治细菌性和病毒性疾病	全池泼洒：0.2～0.3毫克/升		
氯化钠（食盐）sodium choiride	用于防治细菌、真菌或寄生虫疾病	浸浴：1%～3%，5～20分钟		
硫酸铜（蓝矾、胆矾、石胆）copper sulfate	用于治疗纤毛虫、鞭毛虫等寄生性原虫病	浸浴：8毫克/升（海水鱼类：8～10毫克/升），15～30分钟 全池泼洒：0.5～0.7毫克/升（海水鱼类：0.7～1.0毫克/升）		1. 常与硫酸亚铁合用。2. 广东鲂慎用。3. 勿用金属容器盛装。4. 使用后注意池塘增氧。5. 不宜用于治疗小瓜虫病

续表

渔药名称	用途	用法与用量	休药期/天	注意事项
硫酸亚铁（硫酸低铁、绿矾、青矾）ferrous sulphate	用于治疗纤毛虫、鞭毛虫等寄生性原虫病	全池泼洒：0.2毫克/升（与硫酸铜合用）		1. 治疗寄生性原虫病时需与硫酸铜合用。2. 乌鳢慎用
高锰酸钾（锰酸钾、灰锰氧、锰强灰）potassium permanganate	用于杀灭锚头鳋	浸浴：10 ~ 20毫克/升，15 ~ 30分钟 全池泼洒：4 ~ 7毫克/升		1. 水中有机物含量高时药效降低。2. 不宜在强烈阳光下使用
四烷基季铵盐络合碘（季铵盐含量为50%）	对病毒、细菌、纤毛虫、藻类有杀灭作用	全池泼洒：0.3毫克/升（虾类相同）		1. 勿与碱性物质同时使用。2. 勿与阴离子表面活性剂混用。3. 使用后注意池塘增氧。4. 勿用金属容器盛装
大蒜 crow's treacle, garlic	用于防治细菌性肠炎	拌饵投喂：10 ~ 30克/千克体重，连用4 ~ 6天（海水鱼类相同）		
大蒜素粉（含大蒜素10%）	用于防治细菌性肠炎	0.2克/千克体重，连用4 ~ 6天（海水鱼类相同）		
大黄 medicinal rhubarb	用于防治细菌性肠炎、烂鳃病	全池泼洒：2.5 ~ 4.0毫克/升（海水鱼类相同） 拌饵投喂：5 ~ 10克/千克体重，连用4 ~ 6天（海水鱼类相同）		投喂时常与黄芩、黄柏合用（三者比例为5:2:3）

续表

渔药名称	用途	用法与用量	休药期/天	注意事项
黄芩 raikai-skullcap	用于防治细菌性肠炎、烂鳃病、赤皮病、出血病	拌饵投喂：2～4 克/千克体重，连用4～6天（海水鱼类相同）		投喂时常与大黄、黄柏合用（三者比例为2:5:3）
黄柏 amur-corktree	用于防治细菌性肠炎、出血病	拌饵投喂：3～6 克/千克体重，连用4～6天（海水鱼类相同）		投喂时常与大黄、黄芩合用（三者比例为3:5:2）
五倍子 Chinese sumac	用于防治细菌性烂鳃病、赤皮病、白皮病、疖疮病	全池泼洒：2～4 毫克/升（海水鱼类相同）		
穿心莲 common andrographis	用于防治细菌性肠炎、烂鳃病、赤皮病	全池泼洒：15～20 毫克/升 拌饵投喂：10～20 克/千克体重，连用4～6天		
苦参 light-yellow sophora	用于防治细菌性肠炎、竖鳞	全池泼洒：1.0～1.5 毫克/升 拌饵投喂：1～2 克/千克体重，连用4～6天		
土霉素 oxytetracycline	用于治疗肠炎病、弧菌病	拌饵投喂：50～80 毫克/千克体重，连用4～6天（海水鱼类相同，虾类：50～80 毫克/千克体重，连用5～10天）	≥30（鳗鲡） ≥21（鲇鱼）	勿与铝、镁离子及卤素、碳酸氢钠、凝胶合用

续表

渔药名称	用途	用法与用量	休药期/天	注意事项
噁喹酸 oxolinic acid	用于治疗细菌肠炎病、赤鳍病、香鱼、对虾弧菌病，鲈鱼结节病，鲱鱼疖疮病	拌饵投喂：10～30毫克/千克体重，连用5～7天（海水鱼类：1～20毫克/千克体重；对虾：6～60毫克/千克体重，连用5天）	≥25（鳗鲡） ≥21（鲤鱼、香鱼） ≥16（其他鱼类）	用药量视不同的疾病有所增减
磺胺嘧啶（磺胺哒嗪）sulfadiazine	用于治疗鲤科鱼类的赤皮病、肠炎病，海水鱼链球菌病	拌饵投喂：100毫克/千克体重，连用5天（海水鱼类相同）		1. 与甲氧苄氨嘧啶（TMP）同用，可产生增效作用。2. 第一天药量加倍
磺胺甲唑（新诺明、新明磺）sulfamethoxazole	用于治疗鲤科鱼类的肠炎病	拌饵投喂：100毫克/千克体重，连用5～7天		1. 不能与酸性药物同用。2. 与甲氧苄氨嘧啶（TMP）同用，可产生增效作用。3. 第一天药量加倍
磺胺间甲氧嘧啶（制菌磺、磺胺－6－甲氧嘧啶）sulfamonomethoxine	用于治疗鲤科鱼类的竖鳞病、赤皮病及弧菌病	拌饵投喂：50～100毫克/千克体重，连用4～6天	≥37（鳗鲡）	1. 与甲氧苄氨嘧啶（TMP）同用，可产生增效作用。2. 第一天药量加倍
氟苯尼考 florfenicol	用于治疗鳗鲡爱德华氏病、赤鳍病	拌饵投喂：10.0毫克/千克体重，连用4～6天	≥7（鳗鲡）	

续表

渔药名称	用途	用法与用量	休药期/天	注意事项
聚维酮碘（聚乙烯吡咯烷酮碘、皮维碘、PVP-1、伏碘）（有效碘1.0%）povidone-iodine	用于防治细菌烂鳃病、弧菌病、鳗鲡红头病。并可用于预防病毒病：如草鱼出血病、传染性胰坏死病、传染性造血组织坏死病、病毒性出血败血症	全池泼洒：海、淡水幼鱼、幼虾：0.2~0.5毫克/升；海、淡水成鱼、成虾：1~2毫克/升；鳗鲡：2~4毫克/升 浸浴：草鱼种：30毫克/升，15~20分钟；鱼卵：30~50毫克/升（海水鱼卵：25~30毫克/升），5~15分钟	≥7（鳗鲡）	1. 勿与金属物品接触。2. 勿与季铵盐类消毒剂直接混合使用

注1：用法与用量栏未标明海水鱼类与虾类的均适用于淡水鱼类。
2：休药期为强制性。

6 禁用渔药

严禁使用高毒、高残留或具有三致毒性（致癌、致畸、致突变）的渔药。严禁使用对水域有严重破坏而又难以修复的渔药，严禁直接向养殖水域泼洒抗菌素，严禁将新近开发的人用新药作为渔药的主要或次要成分。禁用渔药见附表4-2。

附表4-2 禁用渔药

药物名称	化学名称（组成）	别名
地虫硫磷	O-乙基-S-苯基二硫代磷酸乙酯	大风雷
六六六	1，2，3，4，5，6-六氯环己烷	
林丹	γ-1，2，3，4，5，6-六氯环己烷	丙体六六六
毒杀芬	八氯莰烯	氯化莰烯

续表

药物名称	化学名称（组成）	别名
滴滴涕	2，2－双（对氯苯基）－1，1，1－三氯乙烷	
甘汞	二氯化汞	
硝酸亚汞	硝酸亚汞	
醋酸汞	醋酸汞	
呋喃丹	2，3－二氢－2，2－二甲基－7－苯并呋喃基－甲基氨基甲酸酯	克百威、大扶农
杀虫脒	N－（2－甲基－4－氯苯基）N′，N′－二甲基甲脒盐酸盐	克死螨
双甲脒	1，5－双－（2，4－二甲基苯基）－3－甲基－1，3，5－三氮戊二烯－1，4	二甲苯胺脒
氟氯氰菊酯	α－氰基－3－苯氧基－4－氟苄基（1R，3R）－3－（2，2－二氯乙烯基）－2，2－二甲基环丙烷羧酸酯	百树菊酯、百树得
氟氰戊菊酯	（R，S）－α－氰基－3－苯氧苄基－（R，S）－2－（4－二氟甲氧基）－3－甲基丁酸酯	保好江乌、氟氰菊酯
五氯酚钠	五氯酚钠	
孔雀石绿	$C_{23}H_{25}ClN_2$	碱性绿、盐基块绿、孔雀绿
锥虫胂胺		
酒石酸锑钾	酒石酸锑钾	
磺胺噻唑	2－（对氨基苯磺酰胺）－噻唑	消治龙
磺胺脒	N_1－脒基磺胺	磺胺胍
呋喃西林	5－硝基呋喃醛缩氨基脲	呋喃新
呋喃唑酮	3－（5－硝基糠叉胺基）－2－噁唑烷酮	痢特灵
呋喃那斯	6－羟甲基－2－［－（5－硝基－2－呋喃基乙烯基）］吡啶	P－7138（实验名）
氯霉素（包括其盐、酯及制剂）	由委内瑞拉链霉素生产或合成法制成	
红霉素	属微生物合成，*Streptomyces eyythreus* 生产的抗生素	

续表

药物名称	化学名称（组成）	别名
杆菌肽锌	枯草杆菌 *Bacillus subtilis* 或 *B. leicheniformis* 抗生素，为一含有噻唑环的多肽化合物	枯草菌肽
泰乐菌素	*S. fradiae* 所产生的抗生素	
环丙沙星	为合成的第三代喹诺酮类抗菌药，常用盐酸盐水合物	环丙氟哌酸
阿伏帕星		阿伏霉素
喹乙醇	喹乙醇	喹酰胺醇羟乙喹氧
速达肥	5-苯硫基-2-苯并咪唑	苯硫哒唑氨甲基甲酯
己烯雌酚（包括雌二醇等其他类似合成的雌性激素）	人工合成的非甾体雌激素	乙烯雌酚、人造求偶素
甲基睾丸酮（包括丙酸睾丸素、去氢甲睾酮以及同化物等雄性激素）	睾丸素 C_{17}的甲基衍生物	甲睾酮、甲基睾酮

附录 5
国产筛绢型号、规格对照表

详见附表 5－1、附表 5－2 和附表 5－3。

附表 5－1　尼龙筛绢型号、规格对照表

型号	孔数/厘米^2	孔径/毫米	型号	孔数/厘米^2	孔径/毫米
GG50	361	0.345	58	3 364	0.102
52	393	0.352	61	3 721	0.095
54	427	0.309	64	4 096	0.093
56	465	0.291	73	5 329	0.079
58	495	0.286	GG72	804	0.217
60	521	0.280	SP38	1 162	0.133
62	558	0.265	40	1 774	0.127
64	596	0.262	42	1 945	0.121
66	635	0.252	45	2 270	0.114
68	675	0.250	50	2 785	0.094
70	717	0.238	56	3 487	0.085
NG18	324	0.349	58	3 820	0.078

续表

型号	孔数/厘米²	孔径/毫米	型号	孔数/厘米²	孔径/毫米
19	361	0.340	NG7	49	0.890
22	484	0.268	13	169	0.540
23	529	0.248	15	225	0.417
24	576	0.245	NX79	6 241	0.076
26	676	0.242	95	9 025	0.063
NX34	1 156	0.177	103	10 609	0.055
NXX40	1 600	0.128	52	2 704	0.081
43	1 849	0.112	64	4 096	0.073
46	2 116	0.104	70	4 900	0.061
49	2 401	0.098	76	5 576	0.053

附表 5－2　蚕丝筛绢型号、规格对照表

型号	孔数/厘米²	孔径/毫米	型号	孔数/厘米²	孔径/毫米
GG18	47	1.144	46	307	0.408
20	59	1.053	48	335	0.386
22	68	0.932	50	361	0.372
24	82	0.846	52	393	0.350
26	97	0.784	54	427	0.335
28	113	0.708	56	465	0.319
30	130	0.661	58	495	0.308
32	149	0.640	60	521	0.296
34	169	0.574	62	558	0.287
36	190	0.535	GG64	596	0.276

型号	孔数/厘米^2	孔径/毫米	型号	孔数/厘米^2	孔径/毫米
38	212	0.500	66	635	0.268
40	236	0.469	68	675	0.257
42	254	0.454	70	717	0.247
44	280	0.426	72	804	0.228
XX6	849	0.211	15	3 488	0.089
7	1 046	0.193	16	3 820	0.085
8	1 146	0.181	SP38	1 612	0.132
9	1 456	0.156	40	1 774	0.126
10	1 841	0.137	42	1 945	0 121
11	2 086	0.124	45	2 270	0.109
12	2 426	0.108	50	2 785	0.098
13	2 579	0.101	56	3 489	0.085
14	2 995	0.099	58	3 820	0.078

附表 5-3　筛网型号、规格对照表

型号	孔数/厘米^2	孔径/毫米	型号	孔数/厘米^2	孔径/毫米
12 目	22	1.514	50 目	387	0.288
14 目	30	1.315	60 目	558	0.258
16 目	40	1.147	70 目	759	0.203
18 目	50	1.025	80 目	992	0.198
20 目	92	0.892	90 目	1 255	0.172
30 目	140	0.516	100 目	1 550	0.144
40 目	248	0.360			

注：1. 筛绢丝细，筛网丝粗；

2. GG，XX 为经平纬交织，SP 为平织，故易变形；

3. GG，NX，XX 宽幅约为 140 厘米，SP 宽幅近 130 厘米。

附录6
防治石蛙常见病外用药

附表6－1　防治石蛙常见病外用药

药物名称	药物用量（重量或水浓度，施药品时间）				
	清池	浸泡饵料、工具	浸泡蛙体	全池洒后池水浓度	防治蛙病种类
生石灰	每667平方米池塘100千克，前10天	—	—	—	消除野生动物，防治细菌性疾病和舌杯虫
漂白粉	每667平方米池塘1.5千克，前5天	7毫克/升，30分钟	7毫克/升，20分钟	0.7毫克/升	真菌肤霉、烂鳃、红腿病、肠炎、舌杯虫
高锰酸钾	—	7毫克/升，20分钟	7毫克/升，20分钟	0.7毫克/升	同上，车轮虫、指环虫
硫酸铜	—	7毫克/升，20分钟	7毫克/升，30分钟	0.7毫克/升	车轮虫、隐鞭虫、细菌性肠炎、舌杯虫
敌百虫（90%晶体）	—	5毫克/升，10分钟	5毫克/升，5分钟	0.5毫克/升	蜻蜓幼虫、龙虱、松藻虫、指环虫
硫酸铜、硫酸亚铁合剂（5∶2）	—	—	—	0.7毫克/升	车轮虫、舌杯虫
食盐	—	—	3%，5分钟	—	红腿病、肤霉病、车轮虫

附录 7

防治石蛙常见病内用药

附表 7－1　防治石蛙常见病内用药

药物名称	每千克蛙体灌服量	每千克饵料拌药量	服用时间/天	防治蛙病种类	备注
土霉素	0.5 片	5 片	3～5	红腿病、细菌性肠炎	—
增效联磺片	0.1 片	1 片	5～6	红腿病、细菌性肠炎	第二天减半
酵母片	2 片	10 片	3	肠炎、消化不良、胀胃	—
氨苄青霉素	5 万国际单位	50 万国际单位	3～5	红腿病、肺炎、肠炎	—
速尿	0.3 片	3 片	3～5	亚性水肿	—
消炎利胆片	0.5 片	5 片	3～5	胆结石、红腿病	—

附录8

药物用量简易计算表

附表8－1　677平方米水面药物用量简易计算表（单位：千克）

平均水深/米	用药浓度/（毫克·升$^{-1}$）									
	0.1	0.2	0.3	0.4	0.5	0.6	0.7	0.8	0.9	1.0
0.50	0.033	0.066	0.100	0.13	0.166	0.200	0.233	0.266	0.300	0.333
0.55	0.036	0.073	0.110	0.146	0.183	0.220	0.256	0.293	0.330	0.366
0.60	0.040	0.080	0.120	0.160	0.200	0.240	0.280	0.320	0.360	0.400
0.65	0.043	0.086	0.130	0.173	0.217	0.260	0.303	0.347	0.390	0.433
0.70	0.047	0.093	0.140	0.186	0.233	0.280	0.326	0.373	0.420	0.466
0.75	0.050	0.100	0.150	0.200	0.250	0.300	0.350	0.400	0.450	0.500
0.80	0.053	0.106	0.160	0.213	0.267	0.320	0.373	0.426	0.480	0.533
0.85	0.057	0.113	0.170	0.226	0.283	0.340	0.396	0.453	0.510	0.566
0.90	0.060	0.120	0.180	0.240	0.300	0.360	0.420	0.480	0.540	0.600
0.95	0.063	0.126	0.190	0.263	0.317	0.380	0.443	0.506	0.570	0.633
1.00	0.067	0.133	0.200	0.266	0.333	0.400	0.466	0.533	0.600	0.666
1.05	0.070	0.140	0.210	0.280	0.350	0.420	0.490	0.560	0.630	0.700
1.10	0.073	0.146	0.220	0.293	0.367	0.440	0.513	0.586	0.660	0.733
1.15	0.077	0.153	0.230	0.306	0.383	0.460	0.536	0.613	0.690	0.766
1.20	0.080	0.160	0.240	0.320	0.400	0.480	0.560	0.640	0.720	0.800
1.25	0.083	0.166	0.250	0.333	0.417	0.500	0.583	0.666	0.750	0.833

续表

平均水深/米	用药浓度/（毫克·升$^{-1}$）									
	0.1	0.2	0.3	0.4	0.5	0.6	0.7	0.8	0.9	1.0
1.30	0.087	0.173	0.260	0.346	0.433	0.520	0.606	0.693	0.780	0.866
1.35	0.090	0.180	0.270	0.360	0.450	0.540	0.630	0.720	0.809	0.899
1.40	0.093	0.186	0.280	0.373	0.467	0.560	0.653	0.746	0.839	0.932
1.45	0.097	0.193	0.290	0.386	0.483	0.580	0.676	0.773	0.869	0.965
1.50	0.100	0.200	0.300	0.400	0.500	0.600	0.700	0.800	0.899	0.998
1.55	0.103	0.206	0.310	0.413	0.516	0.620	0.723	0.826	0.929	1.032
1.60	0.107	0.213	0.320	0.426	0.533	0.640	0.746	0.853	0.959	1.066
1.65	0.110	0.220	0.330	0.440	0.550	0.660	0.770	0.879	0.989	1.099
1.70	0.113	0.226	0.340	0.453	0.566	0.680	0.793	0.906	1.019	1.132

附录9

农历节气、公历时间对照表

附表9-1　节气表

春季	2月	立春（2月3至5日交节）	雨水（2月18至20日交节）
	3月	惊蛰（3月5至7日交节）	春分（3月20至22日交节）
	4月	清明（4月4至6日交节）	谷雨（4月19至21日交节）
夏季	5月	立夏（5月5至7日交节）	小满（5月20至22日交节）
	6月	芒种（6月5至7日交节）	夏至（6月21至22日交节）
	7月	小暑（7月6至8日交节）	大暑（7月22至24日交节）
秋季	8月	立秋（8月7至9日交节）	处暑（8月22至24日交节）
	9月	白露（9月7至9日交节）	秋分（9月22至24日交节）
	10月	寒露（10月8至9日交节）	霜降（10月23至24日交节）
冬季	11月	立冬（11月7至8日交节）	小雪（11月22至23日交节）
	12月	大雪（12月6至8日交节）	冬至（12月21至23日交节）
	1月	小寒（1月5至7日交节）	大寒（1月20至21日交节）

参考文献

陈国英，程学龙.1991. 棘胸蛙的生物学和人工增养殖研究. 水产科技情报，18（4）：101－105.

邓德芳，刘竹泉.2009. 棘胸蛙烂皮病防治对策浅析. 科学养鱼，（5）：60.

何继学.2004. 棘胸蛙封沟养殖新技术. 中国水产，（8）：44.

贺富生.1982. 家庭饲养手册. 郑州：河南科学技术出版社.

黄志平.2006. 虎纹蛙的人工养殖技术. 水产科技情报，33（4）：180－182.

李才根.2009. 福寿螺人工养殖技术. 科学种养，（10）：39.

刘奕秋，方杰锋.2004. 棘胸蛙仿生态养殖技术. 中国水产，（8）：41－43.

刘永旺.2009. 药用经济动物疾病诊疗与处方手册. 北京：化学工业出版社.

龙连玉.2002. 棘胸蛙人工生态养殖技术. 淡水渔业，（1）：101－105.

楼炯伟，黄世荣，2011. 山地栽桑养蚕技术. 杭州：浙江科学技术出版社.
陆国琦，何锐如，谢艳丽，等.2001. 棘胸蛙（石蛤）养殖技术. 广州：广东科技出版社.
卿足平，李正军，张贵珍，等.2000. 养牛蛙. 成都：四川科学技术出版社.
冉江平.1999. 棘胸蛙养殖技术. 中国水产，(10)：20－21.
阮新艳，王月香，阮洪，等.1996. 浅谈虎纹蛙人工育苗技术研究. 中国渔业经济研究，(2)：35,38.
佟庆.2009. 大麦虫不同生长时期的饲养管理. 科学种养，(9)：50.
吴蓓琦，吴锦藻，窦瀚修.2002. 怎样办好一个牛蛙养殖场. 北京：中国农业出版社.
吴世豪.2008. 特养新秀——大麦虫. 科学种养，(4)：48.

夏青枝.2009. 赤子爱胜蚓养殖技术. 科学种养，(6)：50.
徐鹏飞.2000. 棘胸蛙人工养殖技术. 中国水产，(3)：27－28.
徐鹏飞.2001. 石蛙的工人繁育与饲养技术（下）. 农村百事通，(10)：17－18.
徐鹏飞.2001. 石蛙的人工繁育与饲养技术（上）. 农村百事通，(9)：245.
徐鹏飞.2006. 棘胸蛙养殖技术. 北京：金盾出版社.
徐鹏飞.2009. 食药兼用优良蛙种——棘胸蛙. 科学种养，(4)：49.
徐寿山，王守聪.1997. 黄鳝泥鳅甲鱼养殖. 北京：中国农业出版社.
印淳贤，程学龙.1992. 棘胸蛙人工繁殖研究. 淡水渔业，(2)：22－24.
曾中平.1999. 牛蛙养殖技术（修订版）. 北京：金盾出版社.
占家智，羊茜，等.2002. 水产活饵料培育新技术. 北京：金盾出版社.

占家智，羊茜. 2012. 经济蛙类高效养殖技术. 北京：化学工业出版社.
郑大鹏. 2001. 山珍蛙的开发前景及养殖技术（上）. 农村养殖技术，(4)：12.
郑大鹏. 2001. 山珍蛙的开发前景及养殖技术（下）. 农村养殖技术，(5)：15.